André   Miranda
Marcos   Morais Júnior

Produção de etanol pelo mutante PGI da levedura Pichia stipitis

AF153078

**André Miranda**
**Marcos Morais Júnior**

# Produção de etanol pelo mutante PGI da levedura Pichia stipitis

Deleção do gene PGI da levedura Pichia stipitis para aumentar o rendimento fermentativo a etanol

**Novas Edições Acadêmicas**

**Impressum / Impressão**

Bibliografische Information der Deutschen Nationalbibliothek: Die Deutsche Nationalbibliothek verzeichnet diese Publikation in der Deutschen Nationalbibliografie; detaillierte bibliografische Daten sind im Internet über http://dnb.d-nb.de abrufbar.

Informação biográfica publicada por Deutsche Nationalbibliothek: Nationalbibliothek numera essa publicação em Deutsche Nationalbibliografie; dados biográficos detalhados estão disponíveis na Internet: http://dnb.d-nb.de.

Coverbild / Imagem da capa: www.ingimage.com

Verlag / Editora:
Novas Edições Acadêmicas
ist ein Imprint der / é uma marca de
OmniScriptum GmbH & Co. KG
Heinrich-Böcking-Str. 6-8, 66121 Saarbrücken, Deutschland / Niemcy
Email / Correio eletrônico: info@nea-edicoes.com

Herstellung: siehe letzte Seite /
Publicado: veja a última página
**ISBN: 978-3-639-61897-6**

## Dedicatória

Quanta alegria nos proporciona esta interação entre fermento e açúcar. Faz mover nossas vidas e lembrar momentos inesquecíveis que passamos juntos. Dedico esta obra a minha família, vocês me dão força para vencer.

## Agradecimentos

Ao professor Dr.Marcos Antônio de Morais Junior pela oportunidade, confiança e orientações durante o desenvolvimento desse trabalho, sendo ele para mim um exemplo de profissional dedicado.

Aos meus amigos e colegas de turma do Mestrado em Ciências Biológicas, pelo convívio e crescimento durante esses dois anos de aprendizado, em especial a Alice, Carlos , Martina, Luis Claudio, Diego, Renata, Monique, Viviane, Mariana e Irailton.

Aos amigos e colegas do laboratório pelo convívio agradável, pelas conversas e até brincadeiras: Rodrigo, Fernanda, Raquel, Alexandre, Daniele, Denise, Zé, Bruno, Allyson, Carol (UPE), Carol (Argentina),Will, Rute, Esteban, Roxane, Tereza, Brígida, Billy, Giordani, Rafael, Paula, Felipe (UPE) e Luciana.

Aos amigos e colegas do laboratório do professor Antônio, em especial: André, Luciana, Barbosinha, Eliane, Janaine, Barbara, Jaqueline e Breno.

Aos amigos que estando perto ou longe são especiais na minha vida!

Aos funcionários do Departamento de Bioquímica e Genética pelo auxílio técnico.

Aos meus pais Marilene e Geraldo, pelo amor, carinho e dedicação, me ensinando os verdadeiros valores da vida.

A meu irmão Thiago, minha irmã Milena pelos momentos sinceros de amizade e fraternidade vivenciados.

A minha namorada Geórgia, pelo amor, companheirismo e honestidade.

Aos meus amigos da Graduação, foram como irmãos. Enfim a todos que de forma direta e indireta contribuíram para a realização deste trabalho.

Agradeço a Deus pelo seu Amor e por sua presença na minha vida.

# Índice

LISTA DE FIGURAS.................................................................................................iii

LISTA DE TABELAS ................................................................................................ iv

LISTA DE ABREVIATURAS ..................................................................................... v

RESUMO....................................................................................................................vii

ABSTRACT ..............................................................................................................viii

1.INTRODUÇÃO ......................................................................................................... 1

2. JUSTIFICATIVA E RELEVÂNCIA DO TRABALHO ........................................... 4

3.OBJETIVOS .............................................................................................................. 4

4.REVISÃO BIBLIOGRÁFICA................................................................................... 5

4.1 Considerações sobre Bioetanol............................................................................ 5

4.2 Matérias primas para bioetanol: o caso do bagaço da cana-de-açúcar ........... 6

4.3 Produção de bioetanol do bagaço da cana de açúcar ........................................ 8

4.3.1 O pré-tratamento lignocelulósico...................................................................... 8

4.3.2 A hidrólise enzimática....................................................................................... 9

4.3.3 Fermentação de pentoses e hexoses ................................................................ 10

4.4 Leveduras............................................................................................................ 11

4.5 A levedura *Pichia stipitis*.................................................................................. 13

4.5.1 Ciclo de vida da *Pichia stipitis*..................................................................... 15

4.5.2 Metabolismo redox da *P.stipitis* para o metabolismo de xilose.................. 16

4.5.3 Engenharia metabólica em *P.stipitis*............................................................. 18

5.REFERÊNCIAS BIBLIOGRÁFICAS..................................................................... 20

6.ARTIGO CIENTÍFICO........................................................................................... 27

Produção de etanol da xilose pela linhagem *Scheffersomyces stipitis* com deleção

do gene *PGI*.

Abstract. ................................................................................................................... 28

Introdução ........................................................................................ 29

Materiais e Métodos ......................................................................... 30

Resultados ........................................................................................ 33

Discussão e Conclusão ..................................................................... 39

Referência Bibliográficas ................................................................ 42

# LISTA DE FIGURAS

## REVISÃO BIBLIOGRÁFICA

Figura 1 Representação esquemática do desvio metabólico, da assimilação de glicose, derivado da deleção do gene que codifica a fosfoglicose isomerase (PGI 1) em *Pichia stipitis*. Duas moléculas de NADPH são geradas, servindo de cofator para a enzima xiloseredutase XYL1 ( seta azul preenchida)..............................................19

Figura 2. Estratégia para deleção gênica a partir da amplificação de um cassete de integração. **A.** Construção do cassete de integração com regiões de homologia usando iniciadores com sequências hibridas (setas em amarelo). **B.** Recombinação homóloga e interrupção gênica da linhagem-alvo pela transformação celular com o cassete de integração.....................................................................................20

**ARTIGO- Produção de etanol da xilose pela linhagem *Scheffersomyces stipitis* com deleção do gene PGI...................................................................27**

Figura 1. Diagrama mostrando a deleção do gene *PGI* das *Scheffersomyces stipitis* NRRL 7124. A deleção do gene alvo foi confirmada por PCR das estirpes resistentes a G418 utilizando primers externos PGI-5'for e PGI-3'rev que gerou o fragmento de 1,8 kb para a estirpe parental e 2,3 kb para o Δ pgi mutante...........................................................................................34

Figura 2. Experimentos aeróbicos de crescimento em dispositivo Biolector NA de *Scheffersomyces stipitis* NRRL 7124. (-O-) e sua isogênico mutante *ΔPGI* (- Δ -) em meio contendo sulfato de amônio sintético (curva em azul aberta) ou glutamato (curva em vermelho fechado) como fonte de azoto e glucose (painel A), xilose (painel B) ou uma mistura de ambos os açúcares (painel C) como fonte de carbono. Além disso, o glutamato (curva em azul) foi utilizado como ambas fontes de C e N (painel D)......................................................................................36

Figura 3. A cinética de fermentação da parental *Scheffersomyces stipitis* NRRL 7124 (símbolos abertos) e sua mutante isogênica *ΔPGI* (símbolos fechados) em meio sintético de sulfato de amônio como fonte de N e glicose (painel A), xilose (painel B) ou um mistura de ambos os açúcares (painel C), como fonte de C. O consumo de glicose (curvas azuis), xilose (curvas vermelhas) ou açúcares totais (curvas pretas) e da produção de etanol (curvas verdes) são mostrados........................................................................................................................38

Figura 4. A cinética de fermentação de *Scheffersomyces stipitis* NRRL 7124 (símbolos abertos) e sua mutante isogênica *ΔPGI* (símbolos fechados) em meio sintético contendo glutamato como fonte de N e de glucose (painel A), xilose (painel B) ou uma mistura de ambos os açúcares (painel C) como fonte de C. O consumo de glicose (curvas azuis), xilose (curvas vermelhas) ou açúcares totais (curvas pretas) e da produção de etanol (curvas verdes) são mostrados........................................................................................................................39

**LISTA DE TABELAS**

**ARTIGO- Produção de etanol da xilose pela linhagem *Scheffersomyces stipitis* com deleção do gene *PGI*.................................................................................................27**

Tabela 1. Taxa de crescimento específico ($\mu$, $h^{-1}$) da linhagem *Scheffersomyces stipitis* NRRL 7124 and seu mutante isogenico *Δpgi* em meio YNB contendo glicose ou xilose como fonte de C ($20$ g $l^{-1}$) e sulfato de amônio ($5$ g $l^{-1}$) ou glutamato como fonte de N ($10$ g $l^{-1}$) cultivado em frasco sob agitação ou bioreator....................................................................................................................45

Tabela 2. Rendimento em etanol (g $g^{-1}$) de *Scheffersomyces stipitis* NRRL 7124 e seu mutante isogênico *Δpgi* em meio sintético contendo glicose ou xilose como fonte de C ($60$ g $l^{-1}$) e sulfato de amônio ($5$ g $l^{-1}$) ou glutamate como fonte de N ($10$ g $l^{-1}$)..................................................................................................................46

# LISTA DE ABREVIATURAS

AKG: 2-ceto-glutarato

Cre: recombinase crê bacteriana

EDTA: ácido etileno diamino tetracético

EUROSCARF: European *Saccharomyces cerevisiae* Arquive for Functional analyses

FAS 2: ácido graxo sintase isoforma 2

G-418: Geneticina sulfato

GAD 2: glutamato descaboxilase 2

GDH 2: glutamato desidrogenase NAD- específica

IDH1, IDH2: isocitrato desidrogenase

KanMX: cassete de deleção contndo o gene *kan* que confere resistência bacteriana a kanamicina e resistência de leveduras a geneticina

Kb (ou Kbp): pares de kilobases

KGD 2: 2-cetoglutarato desidrogenase

NAD+: nicotinamida adenosina dinucleotideo

NADH: nicotinamida adenosina dinucleotideo reduzida

NADP+: nicotinamida adenosina dinucleotideo fosfato

NADPH: nicotinamida adenosina dinucleotideo fosfato reduzida

OLE 1: estearoil coenzima A desaturase

PCR: reação em cadeia da polimerase

PGI1: fosfoglicose isomerase

PPP: via da pentose fosfato

SDH1: succinato desidrogenase

SHAM: cadeia de transporte de elétrons sem citocromo, sensível ao ácido hidroxâmico salicílico.

SHF: Hidrólise e Fermentação Separada

SSF: Sacarificação e Fermentação Simultânea

TAE: tampão tris acetato EDTA

TE: tampão de extração

UFC: unidades formadoras de colônias

UGA1.1, UGA1.2 : 4-aminobutirato aminotransferase

UGA 2, UGA2.2: succinato semialdeído desidrogenase

XYL1,Xyl1p: xilose redutase

XYL2,Xyl2p: xilitol desidrogenase

**Linhagem de *Pichia stipitis***

NRRL 7124: linhagem nativa

FPL-061: mutante selecionado para meio contendo inibidores respiratórios, resultantes da seleção da linhagem parental CBS 6054 de *P.stipitis*.

FPL-DX26: mutante não reprimido para o metabolismo de xilose, resultante da seleção do FPL-061.

**Linhagem de bactéria**

DH5α: linhagem de *Escherichia coli* utilizada em experimentos de clonagem

**Meios**

LB: meio Luria-Bertani

ME: meio com extrato de malte

YM : meio com glicose,extrato de levedura e peptona

YNB: Yeast Nitrogen base medium

YPD: Yeast-Peptona-Dextrose

# RESUMO

Nos últimos 15 anos, um grande esforço tem sido feito para uma maior utilização de resíduos agroindustriais renováveis, podendo a biomassa lignocélulosica ser matéria prima para os bicombustíveis. A composição dessas biomassas varia bastante, mas em geral os substratos lignocelulósicos são constituídos de celulose (homopolímero de glicose), hemicelulose (heteropolímero de hexoses e pentoses) e pela lignina (compostos aromáticos). Considerando que a fermentação de glicose pode ser realizado de forma eficiente, a bioconversão da fração das pentoses (xilose, principal açúcar pentose obtido na hidrólise da hemicelulose), apresenta um desafio. A levedura *Pichia stipitis* pode converter xilose a etanol com rendimentos industrialmente relevantes. Porém necessita de condições limitantes de oxigênio, além do consumo da glicose inibir de modo não competitivo a xilose e sob condições de crescimento similares o consumo de glicose é maior que o de xilose. Com base na análise da via metabolica desta levedura, o presente trabalho teve como objetivo redirecionar o fluxo metabólico da via glicolitica para via das pentose fosfato dentro do que se chama modernamente de Engeharia Metabólica. O gene PGI1 codificador da fosfoglicose isomerase foi completamente removido do genoma da linhagem nativa NRRL 7124 com o uso de fragmentos de PCR que continham seqüências com mais de 350 bp de homologia com as regiões 5' e 3' do gene alvo. Quando este gene foi deletado, a glicose-6-fosfato foi inteiramente rotada para via da pentose fosfato. Este fluxo direciona a produção de NADPH fundamental para a produção de precursores de nucleotídeos, aminoácidos, em reações biossinteticas redutivas e também na conversão de xilose a xilitol. Para seleção do transformante, foi necessária uma concentração de 1200µg/ml de Geneticina. Além disso, a eficiência de transformação foi baixa, em parte devido à utilização do sistema não convencional de códons por esta levedura. O cassete de deleção construído apresenta a marca de seleção resistente a geneticina ladeado por duas regiões denominadas loxp, que permitem a recombinação por sistemas de contra-seleção. Possibilitando a remoção da marca de resistência.

Palavras chaves: Engenharia Metabólica, *Pichia stipitis*, etanol

# ABSTRACT

Over the past 15 years, a great effort has been made for greater use of residues are renewable and can be lignocellulosic biomass feedstock for biofuels. The composition of biomass varies widely, but generally the lignocellulosics are composed of cellulose (homopolymer of glucose), hemicellulose (heteropolymer of hexose and pentoses) and lignin (aromatic compounds). Whereas the fermentation of glucose can be done efficiently, the fraction of the bioconversion of pentoses (xylose, the main pentose sugar obtained on hydrolysis of hemicellulose), presents a challenge. The yeast Pichia stipitis can convert xylose to ethanol with yields industrially relevant. But need oxygen limiting conditions, and the consumption of glucose in a non-competitive inhibition xylose and under similar growing conditions the glucose consumption is greater than that of xylose. Based on the analysis of this yeast metabolic pathway, this study aimed to redirect the metabolic flux from glycolysis to the pentose phosphate pathway within what is called modern Engineering Metabolic. The gene encoding phosphoglucose isomerase PGI1 was completely removed from the native genome of strain NRRL 7124 using PCR fragments that contained sequences of more than 350 bp of homology to the 5 'and 3' of the target gene. When this gene was deleted, glucose-6-phosphate was fully rotated to pentose phosphate pathway. This flow directs the production of NADPH essential for the production of precursors of nucleotides, amino acids, in reductive biosynthetic reactions and also the conversion of xylose to xylitol. The effect of this conversion provides a concomitant assimilation of xylose and glucose (as so disclosed after fermentation). For selection of transformant, required a concentration of geneticin $1200\mu g/ml$. Moreover, the transformation efficiency was low, partly due to the use of unconventional system of codons by this yeast. The deletion cassette has built a checkmark resistant to geneticin flanked by two regions called loxP, which allow the recombination systems counter-selection. Allowing mark removal resistance.


Key words: Metabolic Engineering, *Pichia stipitis*, ethanol

# 1. INTRODUÇÃO

Os custos de produção mais baixos e os recursos naturais abundantes tornam o Brasil o maior candidato ao papel de supridor mundial de etanol. A entrada em vigor do Protocolo de Kyoto, em fevereiro de 2009, está obrigando os países a começarem a colocar em prática medidas concretas para reduzir o consumo dos combustíveis fósseis, e assim cumprir as metas de redução de emissão de dióxido de carbono previstas no acordo mundial.

A produção mundial de álcool aproxima-se dos 51 bilhões de litros por ano, sendo o Brasil e os EUA os principais produtores. No Brasil este combustível é obtido a partir da fermentação da sacarose proveniente da cana de açúcar; já nos EUA e na Europa a maior parte da produção vem da fermentação de hidrolisado de amido de milho e da sacarose de beterraba, respectivamente. Entretanto, cada vez mais o uso do milho, beterraba e cereais está sendo questionado devido à pressão popular para que menos biomassa que tem uso para alimentação humana seja desviada para a produção de combustíveis. No caso do Brasil, a maior pressão se relaciona à provável expansão das áreas de plantação de cana em detrimento à preservação da natureza. Por outro lado, o aumento da demanda por este combustível induz a busca de substratos alternativos de fermentação (Goldemberg, 2007).

Dentre os principais substratos potenciais se destacam os resíduos lignocelulósicos, como o bagaço de cana e de beterraba, a palha de cereais e os resíduos da indústria de madeira. A composição dessas biomassas varia bastante, mas em geral os substratos lignocelulósicos são constituídos de celulose (homopolímero de glicose), hemicelulose (heteropolímero de hexoses e pentoses) e pela lignina (compostos aromáticos) (van Maris et al., 2006). A celulose e hemicelulose representam uma alternativa sustentável para aumentar a produção de biocombustível e para aumentar o balanço energético, com menos contribuição para o efeito estufa (Hahn-Hagerdal et al., 2006). Um hidrolisado deste substrato gera um xarope composto de oligossacarídeos, hexoses e pentoses mais lignina. A fração hexose pode

1

ser diretamente convertida a etanol por células de *S. cerevisiae*, mas não a fração de pentoses. Muitas tentativas têm sido feitas há anos no sentido de modificar geneticamente esta levedura para a fermentação de pentoses, com resultados ainda pouco expressivos. Como a fração representada pela hemicelulose pode chegar de 15% a 35% do total lignocelulósico, sua conversão a etanol é bastante expressiva (Hahn-Hagerdal et al., 2006; van Maris et al., 2006).

Algumas leveduras podem converter xilose a etanol com rendimentos industrialmente relevantes, como é o caso da espécie *Pichia stipitis*. A fermentação de substrato com xilose pura pode apresentar rendimentos de 0,44 g.g-1, mas com a estreita necessidade de oxigenação do sistema (van Maris et al., 2006). Esta levedura exibe sistemas de transporte de baixa e alta afinidade que operam simultaneamente. O sistema transportador de baixa afinidade é partilhado entre a glicose e a xilose para transportar açúcar. A glicose inibe o transporte da xilose por inibição não competitiva no sistema transportador de baixa afinidade (Kilian e Uden, 1988). Além disso, a proporção de consumo da glicose é maior que o de xilose sob similares condições de crescimento. (Agbogbo et al., 2006).

A maior assimilação de xilose e consequente produção de etanol por leveduras são de fundamental importância para o uso de resíduos lignocelulósicos, e de grande interesse para indústria alcooleira. Para tanto, várias estratégias estão sendo propostas na literatura com vistas ao redirecionamento dos fluxos metabólicos para o aumento da produção de etanol, dentro do que se chama modernamente de "Engenharia Metabólica".

No presente trabalho será implementada uma estratégia de modificação genética da via metabólica da *P. stipitis* pela deleção do gene PGI1 uma linhagem de coleção desta espécie.

O gene PGI1 codifica para enzima fosfoglicose isomerase que catalisa a conversão de glicose-6-fosfato a frutose-6-fosfato na via glicolítica. Quando este gene é deletado do genoma, a glicose-6-fosfato é inteiramente desviado para via das pentoses fosfato. Este fluxo direciona a produção de NADPH fundamental para a produção de precursores de nucleotídeos, aminoácidos, em reações biossintéticas

2

redutivas e também na conversão de xilose a xilitol. Estudos mostraram que células *S.cerevisiae* com deleção para este gene, não foram capazes de crescer em meio com glicose como única fonte de carbono, pois esse açúcar é degradado a ribulose 5 fosfato com a concomitante redução de NADP a NADPH, gerando diminuição no nível do NADP que não pode ser rapidamente regenerado (Bole et al.,1993). Na *P.stipitis* esse problema pode ser superado pelo consumo de xilose, pelo fato desta, possuir a enzima xilose redutase (XR) que converte xilose a xilitol com alta afinidade pelo NADPH. A deleção do PGI1 poderá assim, conduzir a rota metabólica no sentido das pentoses fosfato levando a produção excedente de NADPH, o que poderia proporcionar maior assimilação de xilose pela XR. Se isto acontecer de maneira concomitante à assimilação de glicose, então é de se esperar maior produtividade de etanol a partir de misturas glicose/xilose como é o caso dos hidrolisados.

## 2. JUSTIFICATIVA E RELEVÂNCIA DO TRABALHO

O bioetanol é um combustível renovável produzido a partir de processos biológicos. No Brasil este álcool é obtido a partir da monocultura da cana-de-açúcar, porém apenas 1/3 da biomassa da cana é utilizada como substrato para fermentação por micro-organismos. Os 2/3 restantes são subutilizados para gerar eletricidade nas usinas. Essa biomassa provinda do bagaço é constituída por polímeros de celulose e hemicelulose ricos em açúcar hexose e pentose que podem ser direcionados para produção de combustíveis.

## 3. OBJETIVOS

**Objetivo geral**
- Testar a hipótese da reorientação dos fluxos metabólicos na levedura *P.stipitis* para a via das pentoses-fosfato para a produção de etanol.

**Objetivos específicos**
- Produzir uma linhagem de *P.stipitis* com deleção do gene *PGI1*;
- Avaliar o desempenho fermentativo da linhagem geneticamente modificadas de *P.stipitis* frente a substratos com diferentes composições de fontes de carbono.

4

# 4. REVISÃO BIBLIOGRÁFICA

## 4.1 Considerações sobre Bioetanol

Atualmente, a biomassa corresponde a aproximadamente 10 por cento da demanda energética primária mundial. Num ambiente de alta dos preços do petróleo, escassez de recursos, instabilidade política de países produtores e desafios ambientais, apenas aquela tem o potencial de responder ao suprimento de uma civilização energicamente dependente. Em termos energéticos, a biomassa representa um recurso derivado de organismos vivos. Logo os vegetais têm grande importância já que seus carboidratos ricos energeticamente podem ser eficientemente convertidos por micro-organismos em bicombustíveis, dentre os quais, apenas o bioetanol é produzido em uma escala industrial. Ainda são requeridos desenvolvimento futuros para produção sustentável de biohidrogênio, biometanol e o biodisel produzido a partir de processos biotecnológicos (Antoni et al., 2007).

Em média 73 por cento do etanol produzido mundialmente corresponde a etanol combustível, 17 por cento a etanol de bebidas e 10 por cento ao etanol industrial usado pela indústria química (Fukuda et al., 2009; Sanchez e Cardona, 2008).

O etanol combustível pode ser obtido diretamente da sacarose ou do amido e da biomassa lignocelulósica. A complexidade do processo depende do tipo de matéria prima empregada. A tecnologia designada varia de uma simples conversão do açúcar pela fermentação, a uma conversão envolvendo alguns estágios da biomassa lignocelulósica a etanol (Fukuda et al., 2009; Sanchez e Cardona, 2008).

A principal matéria prima para produção do etanol é a cana-de-açúcar na forma de mosto de caldo de cana ou melaço, além da biomassa de amido. No Brasil, aproximadamente 79 por cento do etanol é produzido do caldo de cana e o restante do mosto de cana (Fukuda et al., 2009; Wilkie et al., 2000). O país é um grande produtor de cana-de-açúcar com 495 bilhões de toneladas/ano. Apresenta 44% de sua matriz energética na forma renovável, dos quais 13,5 por cento é derivado da cana-de-açúcar. Das terras avaliadas para agricultura (340 milhões de hectares), apenas 0,9% está ocupado pelo cultivo da cana-de-açúcar, mostrando um grande potencial para expansão (Soccol et al., 2010).

Em 1970, o Brasil criou um programa denominado PróAlcool para substituir gasolina por etanol, no intuito de diminuir a dependência do petróleo em períodos variáveis politicamente e economicamente. Este programa direcionou o país a uma posição favorável em termos de segurança energética. Em 2009 a produção de etanol atingiu 27 bilhões de litros, e o Brasil possui uma meta de 104 bilhões de litros ao ano para 2025, ocasionando uma necessidade em reduzir os custos de produção, com um maior avanço tecnológico para ganhar mais produtividade por unidade de área e prover um melhor desempenho ambiental (Soccol et al., 2010).

Atualmente um hectare de cana-de-açúcar pode produzir aproximadamente 6000 litros de etanol com custos de produção entre US$ 0,25 a 0,30/L (Cerqueira Leite et al., 2009; Soccol et al., 2010). Para aumentar a produtividade, deve ser notado que apenas uma parte da biomassa produzida é utilizada para produção de energia; 1/3 da planta é utilizada para produção de energia, 1/3 é bagaço que é queimado para produção de eletricidade e o 1/3 restante é deixado no campo, que é decomposta por micro-organismos (Cortez et al., 2008). Portanto um significante aumento na produção de etanol será possível com tecnologias desenvolvidas para converter polissacarídeos de follhas, parênquimas e bagaço da cana-de-açúcar que representam 2/3 da biomassa.


## 4.2 Matérias primas para bioetanol : o caso do bagaço da cana-de-açúcar


Nos últimos 15 anos, um grande esforço tem sido feito para uma maior utilização de resíduos agroindustriais renováveis, incluindo o bagaço da cana de açúcar. De acordo com Balat et al. (2008), as matérias primas de bioetanol podem ser classificados em três tipos: (i) a sacarose contida nas matérias primas ( ex: açúcares na cana, sorgo doce e beterraba) (ii) materiais com amido (trigo, milho e cereais), e (iii) biomassa lignocelulósica (madeira,palha e gramineas). A viabilidade da matéria prima para o bioetanol pode variar consideravelmente de estação para estação, e depende ainda de sua localização geográfica. Devido à matéria prima responder a 1/3 dos custos de produção, um alto rendimento em bioetanol é imperativo (Dien et al., 2003).

Cerca de 2/3 da produção mundial de açúcar provem do açúcar da cana e 1/3 do açúcar da beterraba (Linoj et al., 2006). O açúcar da cana é produzido em países tropicais e subtropicais, enquanto o açúcar da beterraba é proveniente de países temperados. Ambos os recursos parecem ser os mais promissores para produção do bioetanol (UNCTAD, 2006).

Outras culturas de resíduos agrícolas como milho, trigo e palha de arroz, resíduos de processamento de citros, biomassa de coco, gramíneas e resíduos de polpa, indústria de papel e da extração de óleo de rícino e girassol bem como resíduos sólidos municipais celulósicos, podem eventualmente ser usados como matéria prima para produzir etanol. Contudo cada recurso de biomassa representa um desafio tecnológico. No caso do Brasil, ainda não existe razão para explorar outros recursos. O atual sistema de bioetanol emprega a cana de açúcar eficientemente, e nos próximos anos, o bagaço da cana de açúcar será usado como material lignocelulósico com grande sucesso (Soccol et al., 2010).

O bagaço da cana de açúcar (ou bagaço como é geralmente chamado), é um resíduo poroso de talos de cana, deixados depois de esmagar e extrair o suco da cana (Pandey et al., 2000). Apresenta grande heterogeneidade morfológica e consiste de feixes de fibras e outros elementos estruturais como vasos, parênquima e células epiteliais (Sanjuan et al., 2001). Este bagaço composto de 19 a 24 % de lignina, 27 a 32 % de hemicelulose, 32 a 44 % de celulose e 4,5 a 9 % de cinzas (Jacobsen; Wyman, 2002). A composição e porcentagem desses polímeros podem variar entre as variedades cultivadas da cana. Além do mais a composição de uma única planta varia com a idade, estágio de crescimento e outras condições (Pérez et al., 2002). A produção anual brasileira do bagaço corresponde a 186 milhões de toneladas (Soccol et al., 2010).

O desenvolvimento de tecnologia para tratamento e aproveitamento do bagaço da cana de açúcar no Brasil é favorável, devido a possibilidade de poder ser anexado as unidades produtoras de açúcar/etanol, o que requer menor investimento, infra-estrutura, logística e suprimento energético em relação ás unidades independentes. Isto representa um cenário promissor, já que de cada 10 milhões de toneladas de biomassa seca, 600 milhões de galões de etanol podem ser produzidos, considerando apenas a parte celulósica (Soccol et al., 2010).

## 4.3 Produção de bioetanol do bagaço da cana de açúcar

A produção de etanol combustível da biomassa lignocelulósica (Figura 2) inclui o pré-tratamento da biomassa, hidrólise da celulose, fermentação de hexoses e pentoses, separação, tratamento de efluentes, e dependendo da matéria prima a colheita da cana que pode ter um custo adicional (Ojeda; Kafarov, 2009).

### 4.3.1 O pré-tratamento lignocelulósico

O pré-tratamento é um processo chave na conversão de materiais lignocelulósicos a etanol. Torna-se necessário, devido a associação que existe entre os três principais componentes da parede celular da planta (celulose, hemicelulose e lignina), esta forte agregação é o fator determinante para a baixa acessibilidade dos carboidratos da planta pelo processo biológico como a hidrólise enzimática e a fermentação (Gamez et al., 2006).

Muitos métodos têm sido utilizados para o pré-tratamento dos materiais lignocelulósicos. Existe explosão a vapor (Hernandez-Salas., 2009; Hendriks e

8

Zeeman, 2009; Balat et al., 2008) lavagem alcalina (Hernandez-Salas, 2009; Hendriks e Zeeman, 2009; Balat et al., 2008 ), cal, peróxido de hidrogênio alcalino, hidrolise ácida diluida (Hernández-Salas.,2009; Balat et al.,2008; Zhang et al., 2007), explosão da fibra de amônia (Hendriks e Zeeman, 2009; Balat et al., 2008), entre outros. Cada um desses métodos tem suas vantagens e desvantagens e nenhum parece ótimo para todas as aplicações envolvendo diferentes tipos de materiais lignocelulósicos (Soccol et al., 2010).

Desde que o programa do bioetanol brasileiro focou em técnicas para cana-de-açúcar, o pré-tratamento tem sido extensivamente estudado. Com a explosão a vapor sendo um dos métodos mais usados para fracionar os três principais componentes da biomassa em processos com fluxos diferentes (Martín et al., 2008 Balat et al., 2008) A explosão a vapor resulta em uma substancial quebra da estrutura lignocelulósica, levando a hidrólise da fração hemicelulósica e despolimerização da celulose e lignina. Como resultado, a suscetibilidade dos polissacarídeos da planta a hidrólise ácida ou enzimática é aumentada (Ramoz et al., 1992; Excoffier et al., 1991; Balat et al., 2008; Martín et al., 2008; Hernandez-Salas, 2009).

**4.3.2 A hidrólise enzimática**

Embora o pré-tratamento seja requerido para tornar a biomassa acessível à ação enzimática, é desejável usar condições amenas que minimizem a degradação dos açúcares e lignina em produtos inibitórios (Almeida et al., 2007). Entre os produtos inibitórios destacam-se o 5-hidroximetil-2-furaldeido (HMF) e 2-furaldeido (furfural), há ainda os ácidos fracos e os compostos fenólicos. Além disso, para aumentar o processo de hidrólise enzimática e confirmar a baixa severidade do pré-tratamento, a tendência é usar uma mistura de enzimas contendo xilanases e outras enzimas como as celulases (Meyer et al., 2009).

A hidrólise enzimática pode ser conduzida separadamente da fermentação alcoólica, um processo conhecido como Fermentação e Hidrólise Separada (SHF) ou ambos os processos podem ser conduzidos ao mesmo tempo como a Fermentação e Sacarificação Simultâneas (SSF). No processo SHF, a hidrólise pode ser conduzida em temperaturas em torno dos 50 °C, uma temperatura adequada para estabilidade das enzimas e para minimizar a contaminação bacteriana. No entanto, SHF leva a um acúmulo de glicose derivado da hidrólise da celulose que pode inibir as atividades das endo- e exo-glucanases e β-glicosidases (celulases) afetando o rendimento e a proporção da reação (Soccol et al., 2010).

No processo SSF a produção de etanol ocorre simultaneamente à liberação, da glicose. Além disso, o risco de contaminação é menor devido à presença de etanol. O processo também apresenta um menor custo, pois apenas um reator é necessário. Neste contexto é interessante notar que o etanol que acumula no meio, não afeta significativamente a atividade enzimática. A dificuldade do processo está relacionada às diferentes temperaturas ótimas para hidrólise enzimática (40-50 °C) que é diferente daquela para a fermentação alcoólica (28-35°C) (Soccol et al., 2010).

### 4.3.3 Fermentação de pentoses e hexoses

As matérias primas lignocelulósicas, em particular as agrícolas e as madeiras de lei podem conter de 5-20% (ou mais) de açúcares pentose como xilose e arabinose, que não são fermentadas pelo micro-organismo mais comum a *S.cerevisiae,* a qual é utilizada para fermentação do suco ou mosto da cana de açúcar, devido a sua habilidade potencial em hidrolisar a sacarose da cana em açúcares fermentáveis (Hahn-Hagerdal et al., 2006). Teoricamente 100 g de glicose produzem 51.4 g de etanol e 48.8 g de $CO_2$, o que representa o rendimento máximo teórico de 0,511 g etanol/g glicose (Badger, 2002). Os rendimentos alcançados por diferentes linhagens industriais de *S.cerevisiae* estão próximos do valor teórico. Porém, tratando-se do aproveitamento da biomassa da cana-de-açúcar, este organismo possui certas limitações como a incapacidade de fermentação das pentoses. Mas existem outras espécies de leveduras que naturalmente fermentam as pentoses, tais como *Pichia stipitis* e a *Candida shehatae*.

Os pesquisadores têm basicamente tomado duas abordagens para aumentar o rendimento da fermentação de etanol derivado da biomassa a partir de açúcares. A primeira abordagem tem sido transferir para as leveduras e outros organismos formadores de etanol, genes das vias metabólicas da pentose por técnicas de engenharia genética. A segunda abordagem é melhorar os rendimentos em etanol por engenharia genética de micro-organismos que têm a capacidade de fermentar ambas hexoses e pentoses (Gray et al., 2006; Dien et al., 2003; Jeffries e Jin, 2004).

Em acordo com a segunda abordagem o presente trabalho visou modificar geneticamente a levedura *P.stipitis* para melhorar o rendimento em etanol, a partir de xilose ou de misturas glicose/xilose, as quais são encontradas em hidrolisados de hemicelulose. Em seguida foram investigadas as características da linhagem modificada.

## 4.4 Leveduras

As leveduras constituem um grupo de microrganismos eucarióticos integrado no Reino *Fungi*, domínio *Eukarya*, são unicelulares embora algumas espécies possam desenvolver pseudo-hifas resultando na forma multicelular (Kurtzman e Fell, 2005) O tamanho das leveduras pode variar muito, tipicamente medindo de 3-4 µm de diâmetro (Walker et al.,2002) Evoluíram de uma forma ancestral unicelular (Bandoni, 1987; Oberwinkler, 1987).

As leveduras como todos os fungos podem ter ciclos reprodutivos sexuais e assexuais. As leveduras que se reproduzem sexualmente são membros de duas grandes subdivisões dos fungos caracterizados por diferentes modos de esporulação. Os Ascomicetos são leveduras que produzem ascósporos através da meiose de um núcleo diploide que se encontra em um asco. E os Basidiomicetos que produzem um basídio onde basidiósporos externos são formados por meiose. Esses grupos podem

11

formar células diploides através da fusão ou conjugação. Porém a principal forma de reprodução é a assexuada por brotamento, há ainda espécies que se reproduzem por fissão ou uma combinação dos dois processos (Phaff, 2001; Balasubramanian et al, 2004).

As leveduras são microrganismos quimio-organo-heterotróficos, capazes de utilizar diferentes fontes de carbono e de energia tais como D-glucose, D-galactose, D-xilose, glicerol, D-glucitol, sacarose, entre muitos outros. A seleção por determinado nutriente poderá determinar a diversidade de espécies em diferentes nichos (Phaff et al., 1978). Por exemplo, a colonização em frutos e flores é possível em muitas leveduras ascomicetas devido a capacidade de fermentar açúcares. (Fernandes, 2008).

A colonização de substratos diversos pelas leveduras permite estabelecer os parâmetros para seu crescimento e sobrevivência, nomeadamente a gama de pH (geralmente entre pH 3 e 8), temperatura (geralmente são mesófilas, com uma temperatura ótima entre 25-30 ºC), oxigênio (são aeróbios obrigatórios ou anaeróbios facultativos) e atividade de água (há vários exemplos de leveduras osmo-/ou halotolerantes capazes de se manterem ativas na presença de concentrações saturantes de NaCl (Fernandes, 2008).

As leveduras têm sido isoladas de ambientes muito diversos: terrestres, aquáticos e aéreos. Contudo acredita-se que apenas 1% de todas as espécies de leveduras é conhecida. O número esperado de leveduras na Terra é de 150.000, atualmente 1500 espécies de leveduras foram descritas. Grandes territórios da Ásia, África, América Latina, Australia, Antartica são principalmente virgens (Hawksworth, 2004). Constituindo um enorme potencial para novas descobertas. As plantas parecem constituir os nichos mais comuns, especialmente na interface entre os nutrientes solúveis e o ambiente asséptico (por ex., a superfície das uvas). Por outro lado, no filoplano predominam as leveduras de afinidade basidiomiceta, em particular do gênero *Erythrobasidium* e *Rhodotorula* (Inácio et al., 2002). Em geral as leveduras são suspeitas de se envolver em relações simbióticas íntimas com insetos (Lachance, 2006). Aproximadamente 200 novas espécies de leveduras têm sido encontradas entre 650 isolados do intestino de insetos (Suh et al, 2004; Suh & Blackwell 2005). Águas doces e salgadas são ambientes onde se encontram frequentemente leveduras do género *Candida, Cryptococcus, Rhodotorula* e *Debaryomyces*. Foram encontradas leveduras marinhas (essencialmente do Gênero *Rhodotorula* e *Sporobolomyces*) em sedimento recolhido de profundidades entre 6.400 e 11.000 m (Nagahama et al., 2001). No solo tem sido descritas espécies como Cryptococcus, Debaromyces, Lindnera, Lipomyces, Rhodotorula e Schizoblastoporion (Botha, 2006; Cloete et al. 2009; Starmer & Lachance, 2011; Mestre et al 2011; Vaz et al, 2011). Os solos pobres poderão acolher relativamente poucas leveduras, mas os solos ricos usados para agricultura poderão atingir cerca de $4 \times 10^4$ UFC por grama (Walker, 1998).

Em um estudo realizado na Mata Atlântica Brasileira foram isoladas 321 cepas de leveduras em madeira podre no intuito de descobrir espécies envolvidas na fermentação de xilose e/ou produção de xilanase. Duas espécies (*Sugiyamaella* sp. 1 e *Sugiyamaella xylanicola*) mostraram ser capazes de fermentar xilose e produzir etanol. E três espécies ( Spencermatinsiella sp. 1, Su. xylanicola e Tremella sp.) foram capazes de produzir xilanases ( Morais et al, 2013)

### 4.5 A levedura *Pichia stipitis*

A levedura *P.stiptis* pertence ao Reino Fungi, Filo Ascomycota, Classe Saccharomycetes, Ordem Saccharomicetales, Família Saccharomicetaceae e Gênero Pichia. Pertencem a um grupo de leveduras isoladas a partir de madeira em decomposição e de larvas de insetos que habitam a madeira. O nicho ecológico dessa levedura está relacionado à capacidade de utilizar a maior parte dos açúcares presentes na madeira, por meio da secreção de várias celulases e hemicelulases, que quebram os resíduos em monômeros de açúcar (Jeffries et al., 2007). Essa espécie foi apresentada como a de maior capacidade fermentativa de xilose (presente na hemicelulose) em relação a outros micro-organismos conhecido. E também é capaz de fermentar glicose, manose, galactose e celobiose. Isto faz dessa levedura um potente organismo que simultaneamente sacarifica e fermenta. Contudo, a *P.stipitis* tem um baixo consumo de açúcar comparado a *S. cerevisiae*, e requer condições microaerófilas para produção de etanol (Agbogbo; Coward Kelly, 2008).

Em leveduras como a *S. cerevisiae*, o etanol pode ser produzido sob uma concentração de açúcar relativamente baixa, até em condições aeróbicas. Esse fenômeno é conhecido como efeito Crabtree. Ao contrário de *S. cerevisiae*, a *P. stipitis* é uma levedura de metabolismo respiratório, que produz pouco etanol sob condições aeróbicas, mesmo em excesso de açúcar (Klinner et al., 2005). A escolha para produzir etanol ou massa celular em *P. stipitis* depende do suprimento de $O_2$ para as células. Em uma proporção de aeração alta apenas massa celular é produzida, e a uma baixa proporção de aeração etanol é produzido (du Preez, 1994). Porém esta levedura não apresenta crescimento quando esta submetida a condições de anaerobiose (Jeffries, 2007).

A capacidade desta levedura de converter xilose a etanol, a torna fundamental em processos de conversão de resíduos lignocelulosicos a etanol. Porém o sistema de transporte é uma fase limitante no consumo de xilose por *P. stipitis* (Legthelm et al., 1988). Esta levedura possui um sistema do tipo simporte de prótons de alta e baixa afinidade que operam simultaneamente. O sistema de baixa afinidade é partilhado entre xilose e glicose. A glicose inibe de modo não competitivo a assimilação de xilose e sob condições de crescimento similares o consumo de glicose é maior que o de xilose. Neste contexto inúmeros trabalhos visam à modificação de *S. cerevisisae* para metabolizar xilose através dos recursos de genes da *P. stipitis*. Porém muito menos esforços têm sido feitos na engenharia de *P. stipitis* para aumentar o metabolismo de xilose (Jeffries, 2008). O desenvolvimento de uma linhagem para aumentar a proporção de fermentação e tolerância a etanol é ainda necessária.

## 4.5.1 Ciclo de vida da *Pichia stipitis*

A ascoesporulação em *P. stipitis* é geralmente precedida por conjugação entre células independentes ou entre células parentais e seus brotos de germinação. Na maturidade, os ascos contêm geralmente dois ascósporos em forma de chapéu. A espécie é homotálica. A reprodução vegetativa é por brotamento multilateral. Ocasionalmente, pseudohifas pobremente diferenciadas são formadas (Jeffries et al.,1994). A ploidia tem sido difícil de ser estabelecida, mas em geral as linhagens naturais são normalmente haplóides (Gupthar, 1994; Melake et al., 1996).

A mudança de um meio rico para um pobre induz à fusão celular, a cariogamia e a meiose. Contudo quando os zigotos são transferidos de volta às condições ricas antes de a meiose ter sido iniciada, eles podem existir como diplóides estáveis vegetativamente.

A estabilidade de diplóides em *P.stipitis* foi confirmada a partir da hibridização parassexual. Foi realizada a fusão de protoplastos entre pares de mutantes auxotróficos. Os resultantes prototróficos produzidos foram estáveis e mostraram apenas uma rara segregação mitótica de aproximadamente $10^{-3}$. O caráter híbrido foi confirmado pelos resultados da isolação dos esporos, que demonstraram heterozigosidade dos prototróficos formados (Melake et al., 1996).

Se ocorrer a meiose, o número esperado de esporos é quatro por asco, e todos os núcleos resultantes da meiose são envelopados por uma parede de esporo. Em algumas leveduras, a ocorrência de dois esporos é explicada por um processo chamado apomixia. Esse processo reprodutivo é caracterizado pela produção de estruturas sexuais e, por outro lado pela falta de meiose e cariogamia (Bilinski et al., 1989) ambos processos ocorrem em *P.stipitis*. Embora em linhagens selvagens somente dois esporos por asco é observado, existem híbridos com uma alta freqüência de esporulação e algumas vezes desenvolvem de três a quatro esporos por asco. Portanto, a produção de ascos com dois esporos parece não ser determinado geneticamente em *P.stipitis* (Melake et al.,1996).

## 4.5.2 Metabolismo redox da *P.stipitis* para o metabolismo de xilose

A via da pentose fosfato (PPP) que é a rota bioquímica para o metabolismo de xilose que é encontrada em praticamente todos os organismos, provendo D-ribose para biossíntese de ácidos nucléicos, D-eritrose 4-fosfato para síntese de aminoácidos aromáticos e NADPH para reações anabólicas. A PPP é considerada como tendo duas fases. A fase oxidativa converte a hexose, D-glicose-6P, na pentose, D-ribulose 5P, além de $CO_2$ e NADPH. A fase não oxidativa converte D-ribulose 5P em D- ribose 5P, D-sedohepitulose 7P, D-eritrose 4P, D-frutose 6P e D-gliceraldeído 3P. A D-xilose e a L-arabinose entram na PPP através da D-xilulose. Em bactérias a conversão de xilose a xilulose ocorre pela via da xilose isomerase. Em leveduras, fungos filamentosos e outros eucariontes isto procede por duas fases a redução e a oxidação, que são mediadas pelas enzimas xilose redutase (XYL1,Xyl1p) e xilitol desidrogenase (XYL2,Xyl2p), respectivamente. A necessidade de co-fatores dessas reações afeta a demanda celular por oxigênio (Jeffries, 2006).

A xilose redutase, utiliza tanto NADPH como NADH como cofatores na reação de redução da xilose a xilitol. Já a xilitol desidrogenase, somente utiliza o NAD na reação de xilitol a xilulose.. O acoplamento das atividades da XYL1 e XYL2, portanto, tende a resultar no consumo de NADPH e acúmulo de NADH. Ao mesmo tempo, a produção de NADH em excesso surge durante o crescimento sob condições limitantes de oxigênio. Assim, quando as células são cultivadas em meio com xilose em condições limitantes de oxigênio, o excesso de NADH, e conseqüente depleção de $NAD^+$, tende a paralisar o metabolismo dessas células (Jeffries, 2008).

Na espécie *P. stiptis* esse desequilíbrio redox pode ser resolvido de várias maneiras. Em cultivos em xilose sob condições limitantes de oxigênio ocorre a indução da expressão do gene *GDH2* que codifica a enzima glutamato desidrogenase dependente de $NAD^+$ (Jeffries et al., 2007). Esta enzima consome NADH para converter 2-ceto-glutarato (AKG) em glutamato, que pode então ser descarboxilado

16

pela glutamato descaboxilase 2 (GAD 2) para formar 4- aminobutirato (4-AB). A desaminação de 4-AB pela 4-aminibutirato aminotransferase (codificada pelo gene UGA1.1 ou UGA1.2) produz succinato semialdeido, que é finalmente oxidado para succinato pela succinato semialdeído desidrogenase dependente de NADP$^+$ (codificado pelo gene UGA2). O succinato gerado é incoporado no ciclo de Krebs .Entretanto, AKG é normalmente convertido a succinato no próprio ciclo de Krebs pela ação da 2-ceto-glutarato desidrogenase (KGD) com a geração de NADH. Durante o crescimento em xilose sob limitação de oxigênio, a enzima KGD sofre, inibição alostérica pelo excesso de NADH, além da própria repressão sofrida pelo gene KGD2. Como o gene GDH2 é induzido nessa condição, a produção da proteína Gdh2 atua na resolução do desequilíbrio redox. Além disso, os níveis de transcrição do gene IDH1, que codifica a isocitrato desidrogenase e do gene SDH1, que codifica a succinato desidrogenase são maiores quando as células estão crescendo em xilose em condições limitadas de oxigênio, contribuindo para aquele desvio metabólico pela enzima Gdh2 (Jeffries, 2008). Este desvio foi induzido em *S. cerevisiae*, onde tem alguns dos mesmos efeitos (Grotkjaer, 2005), mas parece existir naturalmente em *P. stiptis* (Jeffries, 2008).

Além disso, a *P.stipitis* possui um complexo sistema respiratório oxidativo que contem uma cadeia de transporte de elétrons com e sem citocromo na mitocôndria. A cadeia de transporte de elétrons sem citocromo é a via sensível ao ácido hidroxâmico salicílico (SHAM). Esta via, permite o controle sobre o metabolismo redox, diminuindo a formação de xilitol, gerado pelo desbalanço de NADH/NAD$^+$ durante a assimilação de xilose (Jeppson et al.,1995). A deleção do gene que codifica o citocromo c de *P.stiptis* resultou em um mutante que utiliza a via respiratória sensível a SHAM para produção de energia aeróbica. O mutante produzido apresenta taxa de crescimento 50% menor do que a linhagem parental em presença de açúcar fermentável, e tem um rendimento de etanol 21% maior que a linmhagem parental (Shi et al.,1999). Num outro trabalho foi mostrado que uma enzima NADPH desidrogenase que não transloca prótons esta ligada a enzima  terminal oxidase sensível a SHAM em células que metabolizam xilose, e serve como um regulador funcional no complexo redox de *P.stipitis* (Shi et al., 2002).

Outra via pela qual *P. stipitis* parece usar redutores em excesso quando cresce em xilose é através da indução de genes para a síntese de lipídios. Os dados preliminares baseados em etiquetas de seqüências expressas indicam que a transcrição dos genes FAS2, que codifica a ácido graxo sintase, e *OLE1* que codifica a enzima estearoil coenzima A desaturase são induzidas sob condições limitantes de oxigênio (Jeffries, 2008).

### 4.5.3 Engenharia metabólica em *P.stipitis*

A modificação de reações bioquímicas específicas ou introdução de novas vias com o uso da tecnologia do DNA recombinante constituem o que hoje é denominado de engenharia metabólica. Esta tecnologia se divide em uma etapa analítica, na qual são analisados parâmetros bioquímicos e fisiológicos para identificar o alvo mais promissor para manipulação genética e em uma etapa de engenharia genética das células, na qual as modificações genéticas são geradas (Olsson; Nielsen, 2000; Ostergaard et al., 2000).

O aumento da produção de NADPH citosólico em *P.stipitis* poderia propiciar maior assimilação de xilose através da xilose redutase. Esta estratégia pode ser testada pela deleção do gene PGI1 que codifica a enzima fosfoglucose isomerase que isomeriza a glicose-6-fosfato em frutose-6-fosfato. Quando este gene é deletado, a dissimilação da glicose-6-fosfato (6 glu) é feita quase que inteiramente pela via das pentoses fosfato (PP). A primeira reação da via PP envolve a oxidação de 6-glu à lactona correspondente pela ação da enzima 6-glicose desidrogenase dependente de NADP, codificada pelo gene *ZWF1*. Estudos prévios mostraram que o mutante $\Delta pgi1$ de *S.cerevisiae*, não foi capaz de crescer em presença de glicose, pois esta levedura não possui uma via eficiente de regeneração deste NADPH em excesso (Bole et al.,1993). Já em *P.stipitis* esse problema pode ser superado pelo consumo de xilose, devido a esta levedura possuir uma xilose redutase, com alta afinidade pelo NADPH.

18

Portanto, a deleção do PGI1 poderia conduzir a rota metabólica de assimilação da glicose pela via PP e isto poderia induzir a maior assimilação de xilose pela necessidade de regeneração de NADPH pela atividade da xilose redutase (Figura 1).

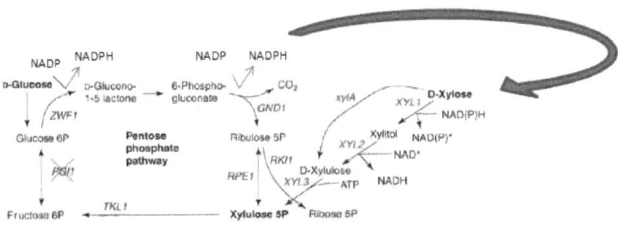

**Figura 1.** Representação esquemática do desvio metabólico, da assimilação de glicose, derivado da deleção do gene que codifica a fosfoglicose isomerase (PGI 1) em *Pichia stipitis*. Duas moléculas de NADPH são geradas, servindo de cofator para a enzima xilose redutase XYL1 (seta azul preenchida).

Esse procedimento de deleção pode ser feito a partir do uso de técnicas moleculares que utilizam cassetes de integração gênica como o loxP-KanMX-loxP, que apresenta a marca de seleção positiva KanMX relacionada com a resistência celular ao antibiótico Geneticina G-450. Um sistema análogo a este foi utilizado pelo programa "European *Saccharomyces cerevisiae* Arquive for Functional analysis - EUROSCARF" que construiu uma coleção de linhagens de *S. cerevisiae* com deleção em cada um dos mais de cinco mil genes não essenciais desta levedura a partir de cassetes com a marca de seleção KanMX ladeado por regiões de 40 pb homólogas ao gene alvo. Para isso, pode-se utilizar um par de iniciadores de reação de PCR contendo cada um a região3' com homologia ao cassete KanMX e 5' com homologia ao gene alvo.

O fragmento de DNA gerado (Figura 2A) pode ser utilizado para transformação das células de levedura, sendo inserido no genoma células por dois eventos de crossing-over a partir das duas extremidades homólogas e substituindo a forma nativa do gene (Figura 2B) (Güldner et al., 1996; agenberg e Hansen, 2000;

19

Steensma; Ter Lind, 2001). Essa mesma estratégia pode ser aplicada para a deleção gênica em *P.stipitis*.

A.

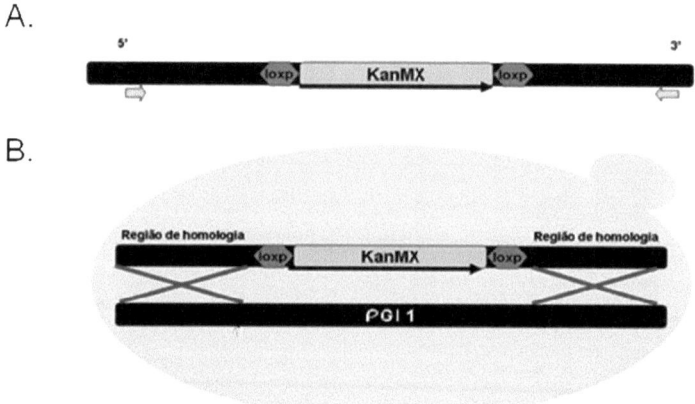

B.

**Figura 2.** Estratégia para deleção gênica a partir da amplificação de um cassete de integração. **A.** Construção do cassete de integração com regiões de homologia usando iniciadores com sequências hibridas (setas em amarelo). **B.** Recombinação homóloga e interrupção gênica da linhagem-alvo pela transformação celular com o cassete de integração.

## 5. Referências Bibliográficas

Agbogbo, F.K.;Coward-Kelly G. (2008). Cellulosic ethanol production using the naturally occurring xylose-fermenting yeast, Pichia stipitis.**Biotechnol Lett** 30:1515-1524.

Agbogbo, F.K.; Coward-Kelly, G.; Torry-Smith, M.; Wenger, K.S. (2006). Fermentation of glucose/xylose mixtures using Pichia stipitis **Process Biochem** 41: 2333–2336.

Almeida, J.R.; Modig, T.; Petersson, A.; Hahn-Hägerdal, B.; Liden, G.; Gorwa-Grauslund, M.-F. (2007). Increased tolerance and conversion of inhibitors in lignocellulosic hydrolysates by Saccharomyces cerevisiae. **J. Chem. Technol. Biotechnol.** 82, 340–349.

Antoni, D.;Zverlov,V.V.;Schwarz, W.H. (2007). Biofuel from microbes. **Appl Microbiol Biotechnol** 77, 23-35.

Badger, P.C. (2002). Ethanol From Cellulose: A General Review. Trends in new crops and new uses. **ASHS Press**, Alexandria, VA.

Balat, M.; Balat, H.; Cahide, O.Z. (2008). Progress in bioethanol processing. **Prog. Energ. Combust.** 34, 551–573.

Bandoni, R. J. (1987). Taxonomic overview of the Tremellales. **Stud. Mycol.** 30: 87-110.

Balasubramanian, M.K.; Bi, E.; Glotzer, M. (2004). "Comparative analyses of cytokinesis in budding yeast fission yeast and animal cells" **Current Biology** 14 (18): R806-818.

Bilinski, C.A.; Marmiroli, N.; Miller, J.J. (1989) Apomixis in *Saccharomyces cerevisiae* and other eukaryotic micro-organisms. **Adv Microb Physiol** 30:23-52.

Boles, E.; Lehnert, W. & Zimmermann, F. K. (1993). The role of the NAD-dependent glutamate dehydrogenase in restoring growth on glucose of a *Saccharomyces cerevisiae* phosphoglucose isomerase mutant. **Etlr J Biochem** 217, 469477.

Botha, A. (2006). Yeasts in Soil. In: Rosa, C. A. & Peter, G. (Ed.) Biodiversity and Ecophysiology of Yeasts, **The Yeast Handbook.** Heidelberg, Springer, pp. 221-240.

Cerqueira Leite, R.C.; Leal, M.R.L.V.L.; Cortez, L.A.B.; Griffin, W.M.; Scandiffio, M.I.G., (2009). Can Brazil replace 5% of the 2025 gasoline world demand with ethanol? **Energy** 34, 655–661.

Cloete, K. J.; Valentine, A. J.; Stander, M. A.; Blomerus, L. M. & Botha, A.(2009) Evidence of symbiosis between the soil yeast Cryptococcus laurentii and a sclerophyllous medicinal shrub, Agathosma betulina (Berg.) **Pillans. Microb. Ecol**. 57, 624–632.

Cortez, L.A.B.; Lora, E.E.S.; Gómez, E.O. (2008). **Biomassa para Bioenergia.** UNICAMP, Campinas.

du Preez, J.C. (1994). Process parameters and environmental factors affecting D-xylose fermentation by yeasts. **Enzyme Microb Technol** 16:944–956.

Excoffier, G.; Toussaint, B.; Vignon, M.R. (1991). Saccharification of steam-exploded poplar wood. **Biotechnol. Bioeng.** 38, 1308–1317.

Fernandes, A.P.F.V. Leveduras isoladas de produtos frutícolas:Capacidade fermentativa e estudos sobre  a H+-ATPase da membrana plasmática. **Tese de Doutorado**.Faculdade de Ciência e Tecnologia. Universidade Nova de Lisboa, 2008.

Fukuda, H.; Kondo, A.;Tamalampadi, J. (2009). Bioenergy: Sustainable fuels from biomass by yeast and fungal whole-cell biocatalysts. **Biochem. Eng. J.** 44, 2-12.

Gámez, S.; González-Cabriales, J.J.; Ramírez, J.A.; Garrote, G. (2006). Study of the hydrolysis of sugar cane bagasse using phosphoric acid. **J. Food Eng.** 74, 78–88.

Goldemberg, J. (2007). Ethanol for a sustainable energy future. **Science** 315, 808-810.

Gray, K.A.;Zhao, L.; Emptage, M. (2006).Bioethanol. **Curr Opin Chem Biol.** 10, 141–146.

Grotkjaer, T.; Christakopoulos P, Nielsen, J.; Olsson, L. (2005) Comparative metabolic network analysis of two xylose fermenting recombinant Saccharomyces cerevisiae strains. **Metab Eng**. 7, 437-444.

Gueiros, R.S. (2006). Otimização das técnicas de manipulação genética de leveduras industriais para aplicação na produção de álcool combustível. **Dissertação de Mestrado**. Departamento de Ciências Biológicas. UFPE. Recife-PE.

Guldener, U.; Heck, S.; Fieldler, T.; Beinhauer,J.;Hegemann,J.H.(1996). A new efficient gene disruption cassette for repeated use in budding yest. **Nucleic Acids Research**. 24, 2519-2524.

Gupthar, A.S. (1994). Theoretical and practical aspects of ploidy estimation in *Pichia stipitis.* **Mycol Res** 98:716-718.

Hawksworth, D.L. (2004), Fungal diversity and its implications for genetic resource collections. **Studies in Mycology**, 50; 9-18.

Hahn-Hägerdal, B.; Galbe, M.; Gorwa-Grauslund, M-F.; Liden, G.; Zacchi, G. (2006). Bio ethanol—the fuel of tomorrow from the residues of today. **Trends Biotechnol** 24(12):549–556

Hendriks, A.T.W.M.; Zeeman, G., (2009). Pretreatments to enhance the digestibility of lignocellulosic biomass. **Biores. Technol**. 100, 10–18.

Hernández-Salas, J.M.; Villa-Ramírez, M.S.; Veloz-Rendón, J.S.; Rivera-Hernández, K.N.; González-César, R.A.; Plascencia-Espinosa, M.A.; Trejo-Estrada, S.R. (2009). Comparative hydrolysis and fermentation of sugarcane and agave bagasse. **Bioresour. Technol**. 100, 1238–1245.

IEA-Agência Internacional de Energia.Disponivel em:http:// www.iea.org Acesso em : setembro de 2010.

Inácio, J.; Pereira, P.; de Carvalho, M.; Fonseca, Á.; Amaral-Collaço, M. T.; Spencer-Martins, I. (2002). Estimation and diversity of phylloplane mycobiota on selected plants in a Mediterranean-type ecosystem in Portugal. **Microbiol. Ecol**. 44: 244-353.

Jacobsen, S.E.; Wyman, C.E. (2002). Xylose monomer and oligomer yields for uncatalyzed hydrolysis of sugarcane bagasse hemicellulose at varying solids concentration. **Ind. Eng. Chem. Res**. 41, 1454–1461.

Jeffries, T.W. (2006). Engineering yeasts for xylose metabolism. **Curr Opin Chem Biol**. 17, 320–326.

Jeffries, T.W. (2008). Engineering the Pichia stipitis genome for fermentation of hemicellulose hydrolysates. Bioenergy (Wall JD, Harwood CS & Demain A, eds), pp. 37–47. **ASM Press**, Washington, DC.

Jeffries, T.W.; Grigoriev, I.V.; Grimwood, J.; Laplaza, J.M.; Aerts, A.; Salamov, A.; Schmutz, J.; Lindquist, E.; Dehal, P.; Shapiro, H.; Jin, Y-S.; Passoth, V.; Richardson, P.M. (2007). Genome sequence of the lignocellulose-bioconverting and xylose fermenting yeast Pichia stipitis. **Nat Biotechnol** 25(3): 319–326.

Jeffries T.W. & Kurtzman C.P. (1994). Strain selection, taxonomy, and genetics of xylose-fermenting yeasts.**Enzyme Microb.Technol**.vol.16.

Jeppsson, H.; Alexander, N.J.; Hahn-Hagerdahl, B. (1995) Existence of cyanide-insensitive respiration in the yeast P.stipitis and its possible influence on product formation during xylose utilization. **Appl Environ Microbiol** 61(7):2596–2600

Kilian, S.G.; van Uden, N. (1988). Transport of xylose and glucose in the xylose fermenting yeast Pichia stipitis. **Appl Microb Biotechnol** 27, 545–548.

Klinner U.; Fluthgraf S.; Freese S.; Passoth V. (2005). Aerobic induction of respire fermentative growth by decreasing oxygen tensions in the respiratory yeast Pichia stipitis. **Appl Microbial Cell Physiol** 67:247–253.

Kurtzman, C.P.; Fell, J.W. (2005). Biodiversity and Ecophysiology of Yeasts . **The Yeast Handbook, Gabor P, de la Rosa CL, eds**. Berlin: Springer. 11-30.

Legthelm, M.E.; Prior, J.C.; du Preez, J.C.; Brandt, V. (1988). Na investigation of D-xylose metabolism in Pichia stipitis under aerobic and anaerobic conditions. **Appl Microb Biotechnol** 28:293–296

Linoj, K.N.V., Dhavala, P., Goswami, A., Maithel, S., (2006). Liquid biofuels in South Asia: resources and technologies. **Asian Biotechnol. Develop. Rev**. 8, 31–49.

Martín, C.; Klinke, H.B.; Thomsen, A.B. (2008). Wet oxidation as a pretreatment method for enhancing the enzymatic convertibility of sugarcane bagasse. **Enzyme Microb. Technol**. 40, 426–432.

Melake, T.; Passoth, V.; Klinner, U. (1996). Characterization of the genetic system of the xylose fermenting yeast Pichia stipitis. **Current Microbiology** vol.33:237–242.

Mestre, M. C.; Rosa, C. A.; Fontenla, S. B. (2011). Lindnera rhizosphaerae sp. nov., a yeast species isolated from rhizospheric soil. *Int J Syst Evol Microbiol*.61: 985-988.

Meyer, A.S.; Rosgaard, L.; Sørensen, H.R. (2009). The minimal enzyme cocktail concept for biomass processing. **J. Cereal Sci**. 50, 337–344.

Morais CG, Cadete RM, Uetanabaro APT (2013b) D-xylose-fermenting and xylanase-producing yeast species from rotting wood of two Atlantic rainforest habitats in Brazil. Fungal Genet Biol. 60, 19-28

Nagahama, T.; Hamamoto, M.; Nakase, T.; Takami, H.; Horikoshi, K. (2001). Distribution and identification of red yeasts in deep-sea environments around the northwest Pacific Ocean. **Antonie Leeuwenhoek** 80: 101–110.

Oberwinkler, F. (1987). Heterobasidiomycetes with ontogenic yeast-stages. Systematic and phylogenetic aspects. **Stud. Mycol**. 30: 61-74.

Ojeda, K., Kafarov, V. (2009). Energy analysis of enzymatic hydrolysis reactors for transformation of lignocellulosic biomass to bioethanol. **Chem. Eng. J**. 54: 390-395.

Olsson, L.; Nielsen, J.(2000). The role of metabolic engineering in the improvement of *Saccharomyces cerevisiae:* utilization of industrial media. **Enzyme Microb Tech**, 26:785-792.

Ostergaard, S.; Olsson, L.;Nielsen, J.(2000) Metabolic engineering of *Saccharomyces cerevisiae.* **Microbiol Mol Biol R**, 64(1),34-50, 2000.

Pandey, A.; Soccol, C.R.; Nigam, P.; Soccol, V.T. (2000). Biotechnological potential of agro-industrial residues. Part I. Sugarcane bagasse. **Bioresour. Technol**. 74, 69–80.

Perez,J.; Munõz-Dourado, J.; de la Rubia, T.; Martinez, J. (2002). Biodegradation and biological treatments of cellulose, hemicellulose and lignin: an overview. **Int Microbiol**, 5, 53-63.

Phaff, H. J.; Miller, M. W.; Mrak, E. M.( 1978). The Life of Yeasts. 2nd edition, **Harvard University Press**, Cambridge (USA) and London.

Phaff, H.J.2001. Yeasts. *In* "Encyclopedia of Life Science", Nature Publishing Group/www.els.net.

Ramos, L.P.; Breuil, C.; Kushner, D.J.; Saddler, J.N. (1992). Steam pretreatment conditions for effective enzymatic hydrolysis and recovery yields of Eucalyptus viminalis wood chips. **Holzforschung** 46, 149–154.

Regenberg,B.; Hansen,J.(2000) GAP1, a novel selection and counter-selection marker for a multiple gene disruptions in *Saccharomyces cerevisiae.* **Yeast**, 16,1111-1119.

Sanchez, O.J.; Cardona, C.A. (2008). Trends in biotechnological production of fuel ethanol from different feedstocks, **Bioresour. Technol**. 99, 5270–5295.

Sanjuan, R.; Anzaldo, J.; Vargas, J.; Turrado, J., Patt, R. (2001). Morphological and chemical composition of pith and fibres from Mexican sugarcane bagasse. **Holz als Roh-und Werkstoff** 59, 447–450.

Shi, N-Q.; Cruz, J.; Sherman, F.; Jeffries, T.W. (2002). SHAM-sensitive alternative respiration in the xylose-metabolizing yeast Pichia stipitis. **Yeast** 19:1203–1220

Shi, N-Q.; Davis, B.; Sherman, F.; Cruz, J.; Jeffries, T.W. (1999). Disruption of the cytochrome c gene in xylose-utilizing yeast Pichia stipitis leads to higher ethanol production. **Yeast** 15:1021–1030

Soccol,C.R.;Vandembergue,L.P.S.;Medeiros,A.B.P.;Karp,S.G.;Buckeridge,M.;Ramos,L.P.;Pitarelo, A.P.; Ferreira-Leitão, V.; Gottschalk, L.M.F.; Ferrara, M.A.; Bom, E.P.S.; Moraes, L.M.P.; Araújo,J.A.;Torres, F.A.G.(2010). Bioethanol from lignocelluloses: Status and perspectives in Brazil. **Bioresource Technol** 101, 4820-4825.

Starmer, W. T. & Lachance, M.-A. (2011). Yeast Ecology. **In: The Yeasts A Taxonomic Study**. 5th Ed. Kurtzman, C.P., Fell, J. W., Boekhout, T. Elsevier: Amsterdam. 65-86.

Steensma, H.Y.and Ter Lind, J.J.M. (2001). Plasmids with the Cre-recombinase and the dominant *nat* marker, suitale for use in prototrophic strains of *Saccharomyces cerevisiae* and *Kluveromyces lactis.* **Yeast**, 18, 469-472.

Suh S.; McHugh J.; Pollock D.; and Blackwell M. (2004). The beetle gut: a hyperdiverse source of novel yeasts, **Mycol. Res**. 109 (3): 261–265.

Suh S-O, Blackwell M. (2005). Beetles as hosts for undescribed yeasts. **In: Insect-fungal associations: ecology and evolution** (FE Vega, M Blackwell, eds). Oxford University Press, Oxford: 244–256.

United Nations Conference on Trade and Development (UNCTAD), (2006). Challenges and opportunities for developing countries in producing biofuels. **UNCTAD publication**, UNCTAD/DITC/COM/2006/15, Geneva, November 27.

van Maris, A. J. A. D. A.; Abbott, E.; Bellissimi, J.; van den Brink, M.; Kuyper, M. A. H.; Luttik, H. W.; Wisselink, W. A.; Scheffers, J. P.; van Dijken, J. T.; Pronk. (2006). Alcoholic fermentation of carbon sources in biomass hydrolysates by *Saccharomyces cerevisiae*: current status. **Anton Leeuw** 90, 391-418.

Vaz, A. B. M.; Rosa, L. H.; Vieira, M. L. A.; Garcia, V.; Brandão, L. R.; Teixeira, L. C. R. S.; Moliné. M.; Libkind, D.; van Broock, M.; Rosa, C. A. (2011). The diversity, extracellular enzymatic activities and photoprotective compounds of yeasts isolated in Antarctica. **Braz. J. Microbiol.**, In Press.

Walker, G. M. (1998). Introduction to yeasts. **Yeast Physiology and Biotechnology**. pp 1-10. John Wiley & Sons Ltd, Chichester, UK.

Walker, K.; Skelton, H.; Smith, K. (2002). Cutaneous lesions showing giant yeast forms of Blastomyces dermatitidis Journal of Cutaneous Pathology. 29 (10): 616-618.

Wilkie,A.C.; Riedesel,K.J.; Owend, J.M. (2000) Stilage characterization and anaerobic treatment of ethanol stillage from conventional and cellulosic feed stocks, **Biomassbioenerg** 19, 63–102.

Zhang, Y.P.; Ding, S.; Mielenz, J.R.; Cui, J., (2007). Fractionating recalcitrant lignocellulose at modest reaction conditions. **Biotechnol. Bioeng**. 97, 214–223.

# 6. Artigo Científico

**Produção de etanol da xilose pela linhagem *Scheffersomyces stipitis* com deleção do gene *PGI***

"Produção de etanol da xilose pela linhagem Scheffersomyces stipitis com deleção do gene PGI"

**Título corrido:** Produção de etanol da xilose pelo mutante PGI de *S. stipitis*

**Abstract**

In this study, the *PGI* gene from *Scheffersomyces stipitis* was deleted using the KanMX cassette and the mutant was analysed for growth rate and fermentation capacity in glucose and xylose. In addition, glutamate was tested as a source of nitrogen based on the hypothesis that a greater amount of NADPH produced from the pentose-phosphate pathway (PPP) would increase xylose assimilation. The results showed that bypass flux through PPP by the deletion of *PGI*, can only support cell growth of this mutant with glucose or xylose media under high agitation. However, glutamate partially suppressed the growth defect of the *Δpgi* mutant. On the other hand, glutamate increased sugar assimilation and led to a reduction of ethanol production from both sugars in a manner that was not dependent on the intact *PGI* gene. However, the *PGI* gene remains essential for the assimilation of glutamate as a carbon source.

**Keywords:** ethanol fermentation, glutamate, phosphoglucose isomerase, pentose-phosphate pathway, xylose assimilation

## Introdução

Um dos principais desafios para produção de álcool combustível da biomassa lignocelulósica é a dificuldade de converter xilose, (a segunda fonte de açúcar mais abundante na biomassa), a etanol (Hahn-Hagerdal et al, 2006; Van Maris et al, 2006). Como as células de *Saccharomyces cerevisiae* não converte diretamente esse açúcar para etanol, duas linhas de investigação foram realizadas até o momento: a busca de leveduras fermentadoras naturais de xilose com alto rendimento e a modificação genética de *S. cerevisiae* com genes do metabolismo de xilose bacterianas ou fúngicas (Hahn -Hägerdal et al, 2006; van Maris et al, 2006; Kern et al, 2007). A levedura *Scheffersomyces* (Pichia) *stipitis*, ainda é a levedura mais utilizada na fermentação de xilose (Hahn-Hägerdal et al, 2006; Jeffries et al, 2007). O primeiro passo na assimilação de xilose pelas células de levedura envolve uma NAD(P)H-xilose redutase dependente (XR), que converte xilose em xilitol. Na segunda reacção, NAD+ dependente xilitol desidrogenase (XDH) converte o xilitol em xilulose. Esta levedura é uma das poucas espécies em que XR utiliza ambos NADPH e NADH como co-factores, com uma preferência por NADPH (van Maris et al, 2006; Agbogbo et al, 2006; Jeffries, 2008). Embora a utilização de NADH fecha o equilíbrio redox de XR-XDH, que é capaz de retirar este cofactor da biossíntese de etanol. Em contraste, o uso de NADPH conduz a desequilíbrio redox e resulta numa acumulação de xilitol. No entanto, este desequilíbrio pode ser superado no estado limitado em oxigênio, através da utilização da cadeia de transporte de elétrons alternativo, que é sensível a ácido salicilhidroxâmico (SHAM), a via de STO (Agbogbo et al., 2006). Embora o uso da xilose isomerase parecesse mais adequado, porque evita um desequilíbrio redox, a assimilação de xilose não parece ser tão simples como o esperado e uma evolução mais dirigida de estirpes recombinantes é ainda necessária (Demeke et al., 2013).

O NADPH é produzido principalmente durante duas etapas oxidativas da via de pentose fosfato (PPP), e começa com a conversão de glucose-6P a partir da via glicolítica para 6-fosfo-D-glucono-1,5-lactona (Madhavan et al., 2012). Em geral, o

29

fluxo através da PPP é muito baixo em comparação com a do fluxo glicolítico. A interrupção da glicólise a nível da glicose-6-fosfato isomerase, que é codificada pelo gene *PGI*, é esperado para desviar a maior parte da glicose-6P no sentido de PPP. Isso deve resultar em um aumento da oferta de NADPH e também pode resultar em um aumento do fluxo de PPP a partir do qual a xilose é assimilada (Madhavan et al., 2012). Outra preocupação metabólica grave é que a maior parte do NADPH é consumido na assimilação redutiva de amónio em glutamato por meio de NADPH-dependente de glutamato desidrogenase (NADPH-Gdh) (Magasanik, 2003). Isso significa que o uso direto de glutamato como fonte de nitrogênio removeria o requisito NADPH para a assimilação de nitrogênio. Quando agindo em conjunto, a sinergia entre a modificação genética (supressão do gene PGI) e modificação do meio (uso direto de glutamato como uma fonte de nitrogênio) poderia levar a um aumento da fermentação da xilose por meio desta levedura.

Este estudo descreve os efeitos da supressão do gene *PGI* de *S. stipitis*, através da produção de etanol a partir de glucose e/ou xilose, na presença de amônio ou glutamato. As implicações destas modificações genéticas e fisiológicas são explicados pelo fato de que a capacidade de fermentação de células de *S. stipitis* sobre xilose foi reduzida em cada uma dessas modificações.

**Materiais e Métodos**

**Linhagens e meios de cultivação**

A razão para o uso da cepa de levedura *Scheffersomyces stipitis* NRRL 7124 baseou-se em sua capacidade de produzir etanol a partir de xilose com rendimentos elevados (Jeffries et al., 2007). As células de levedura foram mantidas e cultivadas em meio YPD (10g $l^{-1}$ de extrato de levedura, 20g $l^{-1}$ peptona e 20g $l^{-1}$ de glicose). Quando necessário o meio foi suplementado com Geneticina G-480 (Invitrogen) a 1,2 g $l^{-1}$. para permitir a seleção de células recombinantes. O meio sintético foi preparado com YNB (Disco), sem sulfato de amónio e aminoácidos em 1,7 g $l^{-1}$. As fontes de carbono e de azoto foram adicionados em conformidade. A estirpe bacteriana *E. coli*

DH5a (Ausubel et al., 1989) foi usada para a manipulação genética durante as construções de plasmídeos. As células foram mantidas e cultivadas em meio LB (10 g $l^{-1}$ de triptona, 0,5 g $l^{-1}$ de extracto de levedura, 0,5 g $l^{-1}$ de NaCl, ajustado a pH 7 com NaOH 1 N, com ágar a 20 g $l^{-1}$ para meio sólido). Sempre que necessário, o meio LB, suplementado com ampicilina a 100 ug $ml^{-1}$ de modo que as células recombinantes poderiam ser selecionadas.

## Manipulação do DNA

Uma representação esquemática da manipulação genética é mostrada na Figura 1. A quantidade total de DNA de levedura foi extraído de acordo com as recomendações da Silva-Filho et al (2005). Este foi utilizado para amplificar dois segmentos de 350 pb do gene *PGI* correspondente à região 5 '(+1 a +350) e a região 3' (+1450 a +1800) do gene, utilizando os primers e nas condições descritas no material suplementar fornecido (Tabelas S1 e S2). Os fragmentos foram purificados (kit PureLinkTM, Promega), clonado em pGEM-T easy vector (Promega) em conformidade com as instruções do fabricante e introduzido em células de *E. coli* através de transformação com cloreto de cálcio (Ausubel et al., 1989). O fragmento de PGI-5 'foi libertado por digestão com AatII e NdeI e clonado em um vector pUG6 (Gueldener et al., 2002) a montante do cassete de seleção KanMX. Seguindo este, o fragmento de PGI-3 'foi libertado por digestão com SpeI e SacII e clonado no p [5'PGI :: KanMX] cassete de vector de seleção a jusante. É produzida uma cassete de 2,3 kb integração 5'PG1 :: KanMX :: 3'PGI que foi libertado por digestão com AatlI e SacII e usado para transformar células de levedura, por meio do método do cloreto de lítio (Ausubel et al., 1989). Colônias recombinantes foram selecionadas em YPD + G-418 placas. A remoção completa do gene *PGI* foi verificada por PCR (Fig. 1).

### Crescimento e análise da fermentação

Culturas de sementes foram preparadas usando colônias frescas cultivadas em YPD para inocular em meio YNB contendo glicose (20 g $l^{-1}$) e sulfato de amônio (5 g $L^{-1}$)

cultivadas durante 24 h, a 28 ° C e 120 rpm. Cultivações em batelada foram realizadas por meio da inoculação em 100 ml de meio específico numa densidade inicial celular a 0,1 OD a 600 nm em balões de 250 ml e as culturas incubadas a 28 ° C e 120 rpm. Estas experiências biológicas foram replicadas de forma independente com duas amostras a ser retirada em cada fase da análise. Além disso, as experiências individuais de crescimento aeróbio foram realizadas num reator de bancada Bioflo 110 (New Brunswick) com 700 ml de meio específico em um vaso de 1 litro. Células foram adicionadas a uma densidade inicial celular a 0,1 DO a 600nm e as culturas foram incubadas a 28 ° C, 150 rpm e em fluxo de ar de 0,5 litros min$^{-1}$ ,para assegurar, o oxigênio dissolvido foi mantido acima de 60%. As amostras foram coletadas periodicamente em duplicata para medição da densidade celular. Além disso, as experiências de crescimento foram realizadas com o auxílio do dispositivo microfermentation Biolector NA (m2p-Lab, Baesweiler, Alemanha) a uma velocidade constante (800 rpm, o que equivale a 250 rpm, em agitador orbital), temperatura (28 ° C) e humidade (80%) e biomassa inicial de 0,1 DO a 600nm. A variação de biomassa foi monitorada automaticamente a cada 20 minutos por espalhamento de luz e ajustado a DO600nm por um fator de calibração. Os resultados foram dados como a média de triplicatas biológicas. As taxas de crescimento específicos (h$^{-1}$),foram calculadas a partir da fase de crescimento exponencial (μ = Lnx-LnXo / Δ t). No caso das fermentações, as células semeadas foram concentradas por centrifugação e utilizadas para inocular em YNB contendo diferentes fontes de carbono e azoto a uma densidade celular inicial 0,3 DO a 600nm. O teor de açúcar foi aumentado para 60 g l$^{-1}$. As culturas foram incubadas a 28 ° C e 120 rpm e foram retiradas amostras para análises fisiológicas em horários fixos.

A determinação dos metabólitos foi realizada por centrifugação das amostras recolhidas em microcentrífuga a 12000 g com filtração do sobrenadante com filtros de 0,22 μm. O consumo dos açúcares (glicose e xilose) e a produção de etanol foram determinadas por HPLC (Waters Co., EUA), acoplada com HPX-87H coluna de permuta iónica (BioRad, EUA) aquecida a 60 ° C. O ácido sulfúrico a 5 mM foi usado como a fase móvel a 0,6 litros min⁻¹. O rendimento de etanol foi calculado a partir do etanol que foi produzido por açúcar consumido no momento de maior produção de etanol causada pelas células. Os resultados representam a média de duas experiências.

## Resultados

### Construção do mutante *ΔPGI1*

O método bem estabelecido de integração sítio específica de DNA lineares com terminais flanqueadores homólogos foi utilizado para deletar o gene *PGI* de *S. stipitis*. O plasmídeo recombinante foi baseado no vetor pUG6 (Güldner et al, 1996) contendo o cassete KanMX, que rende as células de levedura resistência à geneticina, flanqueado por sequências de 350 bp do gene PGI 5'-terminal e 3'- do terminal (Fig. 1). O cassete recombinante integrativo de 2,3 kb foi enzimaticamente removido a partir do plasmídeo e introduzido nas células de levedura por transformação química. As colônias que possuem o fenótipo de resistência G-418 apareceram em placas seletivas numa taxa de frequência de 103 transformantes/µg de DNA linear. Três colônias foram escolhidas para placas não seletivas de YPD e todas elas mostraram deficiência de crescimento em glicose comparado a cepa parental. O DNA das leveduras recombinantes foram extraídos e testados para a deleção do gene *PGI* por PCR utilizando os primers externos. Os resultados mostraram que todos os transformantes produziram o fragmento amplificado de 2,3 kb, que era diferente do fragmento amplificado de 1,8 kb correspondente ao gene intacto na estirpe parental (Fig. 1).

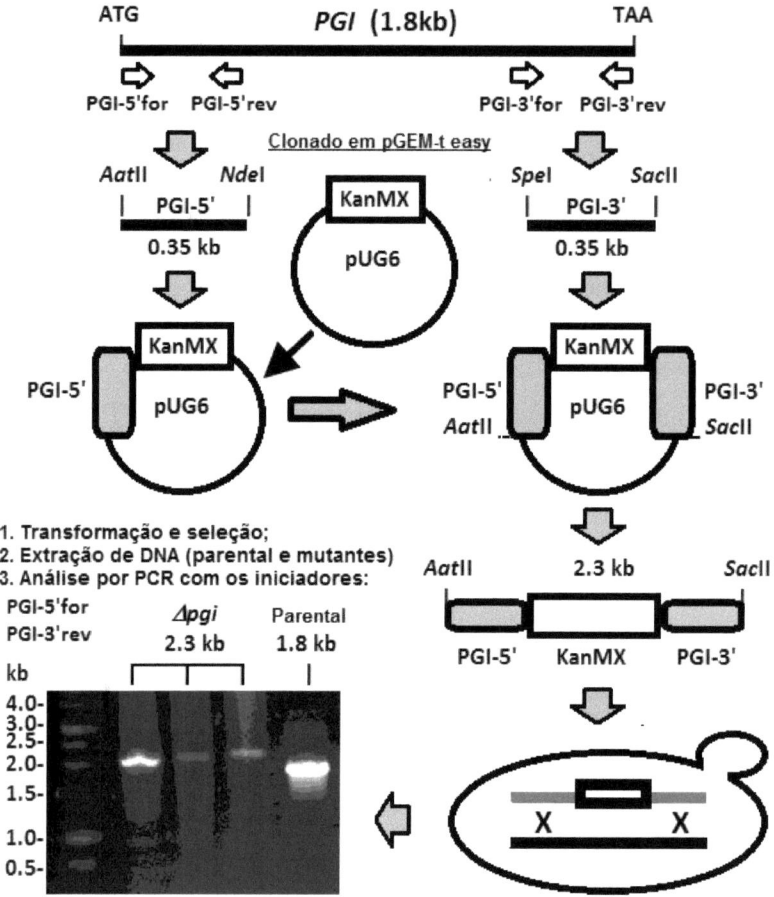

**Figura 1.** Diagrama mostrando a deleção do gene *PGI* das *Scheffersomyces stipitis* NRRL 7124. A deleção do gene alvo foi confirmada por PCR das estirpes resistentes a G418 utilizando primers externos PGI-5'for e PGI-3'rev que gerou o fragmento de 1,8 kb para a estirpe parental e 2,3 kb para o Δ pgi mutante.

**Perfil do crescimento celular**

As taxas de crescimento das leveduras foram calculadas através do cultivo de células em frascos em meio mineral contendo duas fontes de carbono (C) e azoto (N) (Tabela 1). Os resultados mostraram que a mesma quantidade de glicose e xilose foram assimiladas por *S. stipitis* estirpe parental NRRL 7124 quando amônio foi a fonte de

34

N, e a mistura de ambas as fontes de C não produziu qualquer alteração na taxa de crescimento celular (Tabela 1). A taxa de crescimento específico foi ligeiramente superior em batelada de crescimento aerado no bioreactor do que nos frascos de agitação, e novamente, não houve diferença entre os meios com glicose ou xilose (Tabela 1). Esta levedura é considerada como respiratória em que biomassa, em vez de etanol, é mais provável que seja produzida quando as células são cultivadas a uma elevada taxa de arejamento (revisto por Agbogbo et al., 2006). Uma redução da taxa de crescimento específica foi observada quando o glutamato foi utilizado como fonte de N, em ambos os tipos de fontes de C (Tabela 1), embora a biomassa final fosse maior do que a observada para o meio à base de amônio (dados não mostrados). Isto forneceu evidência de que a estirpe NRRL 7124 é capaz de utilizar o glutamato como fonte de C e depois da exaustão do açúcar. Estes dados para a cepa parental foram corroborados por experimentos adicionais usando um dispositivo Biolector com alta agitação e monitoramento constante de biomassa (Fig. 2), e confirmou que a taxa de crescimento específico calculado foi maior em amônio (0,49 $h^{-1}$ com glicose ou xilose) do que em glutamato (0,25 $h^{-1}$ com glicose ou xilose). Mais uma vez, a biomassa final foi maior em glutamato do que em amônio (Fig. 2A, B, C), como observado nas experiências em frascos de agitação. Além disso, observou-se que o glutamato sustentou o crescimento das células, quando utilizado como única fonte de C e N (Fig. 2D), com uma taxa de crescimento específica calculada de 0,26 $h^{-1}$.

A deleção do gene *PGI* tornou o crescimento celular deficiente em frasco de agitação sob limitação de oxigênio quando amônio foi utilizado como fonte de N (Tabela 1). No entanto, a capacidade de crescimento da estirpe mutante foi restabelecida quando o meio foi completamente areado no bioreactor, embora esta taxa atingiu apenas metade da taxa de crescimento específica da estirpe parental (Tabela 1).

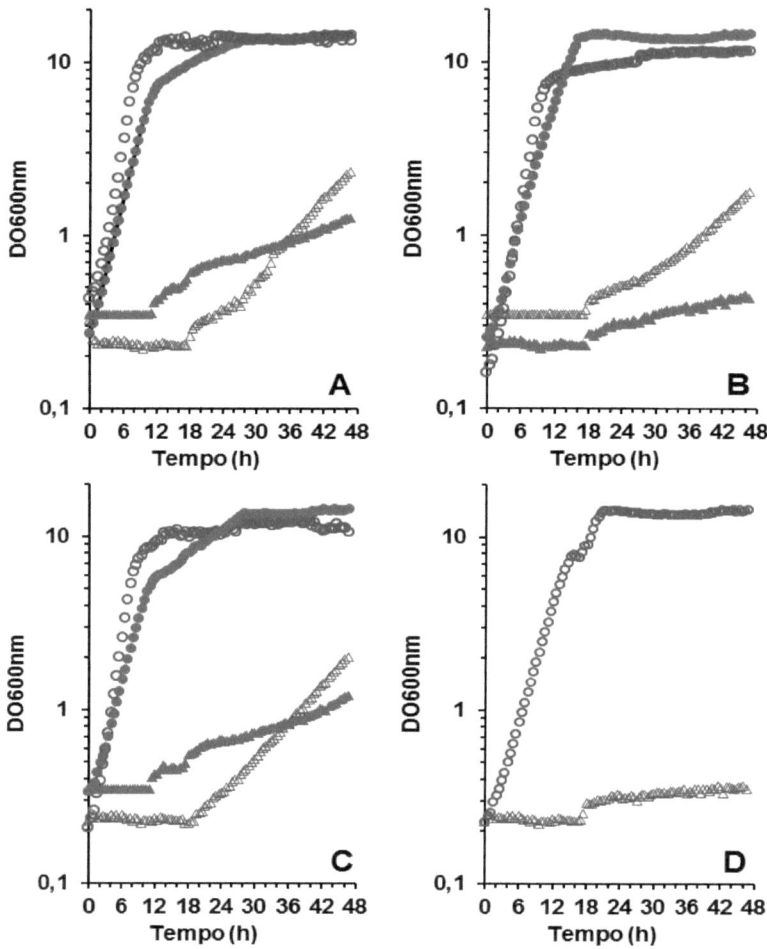

**Figura 2.** Experimentos aeróbicos de crescimento em dispositivo Biolector NA de *Scheffersomyces stipitis* NRRL 7124. (-O-) e sua isogênico mutante *ΔPGI* (- Δ -) em meio contendo sulfato de amônio sintético (curva em azul aberta) ou glutamato (curva em vermelho fechado) como fonte de azoto e glucose (painel A), xilose (painel B) ou uma mistura de ambos os açúcares (painel C) como fonte de carbono. Além disso, o glutamato (curva em azul) foi utilizado como ambas fontes de C e N (painel D).

De um modo semelhante ao observado no bioreactor, as experiências no Biolector mostraram uma fase de latência muito prolongada da estirpe mutante que durou 18 h antes do crescimento começar quer em glicose (Fig. 2A), xilose (Fig. 2B) ou a mistura de ambos os açúcares (Fig. 2C). Surpreendentemente, as células *ΔPGI1* foram capazes de crescer quando o glutamato foi a fonte de N em glicose ou xilose, mesmo sob limitação de oxigênio em frasco de agitação, em que o crescimento do mutante foi de 65% da cepa parental (Tabela 1). O uso deste aminoácido também reduziu a fase lag de crescimento no Biolector de 18h para 12 h, quando a glicose estava presente no meio (Fig. 2A, C), mas não em xilose (Fig. 2B). Além disso, a ausência do gene *PGI* pareceu bloquear o uso do glutamato como fonte de C (fig. 2D), e esta mostrou a ligação entre o catabolismo de glutamato e gliconeogênese.

**Análises da fermentação em etanol**

Os ensaios de fermentação foram realizados sob agitação suave para garantir um suprimento de oxigênio limitado, que foi requerido pela *S.stipitis* para fermentação de etanol (Jeffries, 2008). No caso do meio contendo amônio, as diferenças fisiológicas em relação ao consumo de açúcar e etanol, foram observadas entre as cepas parentais e *ΔPGI1* em glicose ou xilose, com apenas 54% do açúcar inicial a ser consumido após 72 h de fermentação por células de ambas as estirpes (Fig. 3A), e isto resultou num rendimento de etanol semelhante (Tabela 2). O consumo de xilose foi também semelhante para as duas estirpes (Figura 3B), porém menor do que o consumo de glicose (apenas 43% da xilose foi consumida). A produção de etanol (e, portanto, o rendimento de etanol a partir de) em xilose foi 37% mais elevado do que com a glicose (Fig. 3B, Tabela 2). No entanto, a deleção do gene PGI reduziu a produção e rendimento em etanol a partir de xilose para 25-30% quando comparado com as células parentais em xilose (Fig. 3B, Tabela 2). Além disso, na estirpe mutante a produção de etanol em xilose foi 30% mais baixa do que em glicose (Fig. 3A, B). Neste caso, o rendimento de etanol permaneceu o mesmo que com a glicose (Tabela 2). Assim, o ganho líquido alcançado pela produção de etanol de células *S.stipitis* em xilose em comparação com a glicose, foi eliminada pela deleção do gene *PGI1*.

Assim, uma quantidade significativa de xilose pode ser desviada para outra via metabólica neste mutante. No meio de substrato misto, a presença de glicose reprimiu o consumo de xilose e a deleção do gene PGI não aliviou esta repressão catabólica (Fig. 3C). Mais uma vez, não foi observada diferença no rendimento de etanol entre as estirpes parentais e mutantes (Tabela 2), e, além disso, o rendimento de etanol no substrato misto foi praticamente o mesmo que o observado em glicose (Quadro 2).

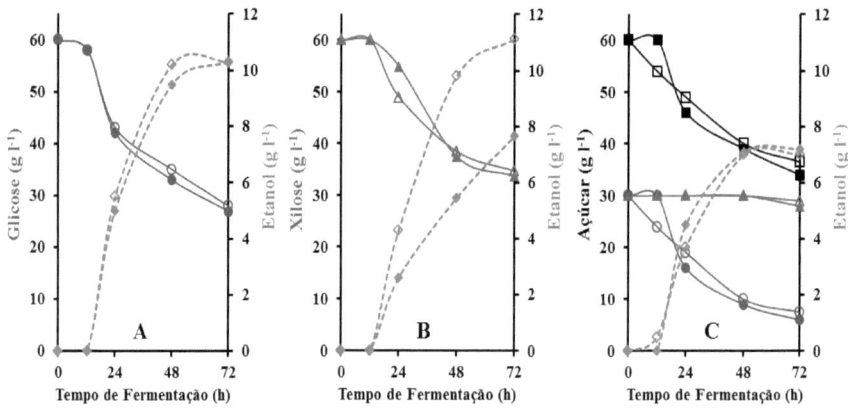

**Figura 3.** A cinética de fermentação da parental *Scheffersomyces stipitis* NRRL 7124 (símbolos abertos) e sua mutante isogênica *ΔPGI* (símbolos fechados) em meio sintético de sulfato de amônio como fonte de N e glicose (painel A), xilose (painel B) ou um mistura de ambos os açúcares (painel C), como fonte de C. O consumo de glicose (curvas azuis), xilose (curvas vermelhas) ou açúcares totais (curvas pretas) e da produção de etanol (curvas verdes) são mostrados.

Quando o glutamato foi utilizado como fonte de N, células de levedura, de ambas as linhagens parentais e mutantes consumiram toda a glicose no meio após 48 horas de incubação e produziram mais etanol do que em qualquer outro meio testado neste estudo (Fig. 4A). Apesar desta taxa mais rápida do consumo de glicose, o rendimento de etanol foi semelhante ao calculado no meio de amônio para ambas as estirpes (Tabela 2). Além disso, uma taxa mais rápida de consumo de xilose foi estimulada pelo glutamato comparado com amônio (Fig. 4B). De uma maneira análoga ao efeito de mutação *PGI* na fermentação de xilose, o excedente no rendimento em etanol em células parentais em xilose, foi eliminada pelo uso do glutamato (Tabela 2). A taxa mais rápida de assimilação de glicose aliviou a repressão catabólica da assimilação de xilose no meio da mistura de açúcar, e após 72 h de fermentação, o açúcar estava exausto (Fig. 4C). No entanto, este não resultou numa maior produção de etanol. De fato, o rendimento de etanol observado em substrato misto foi menor do que nas fontes de C individuais (Tabela 2). Assim, a interação entre a genética e a modificação fisiológica da levedura de fermentação da xilose que foi inicialmente previsto, não resultou em aumento da fermentação do etanol, mas reduziu a produção de etanol.

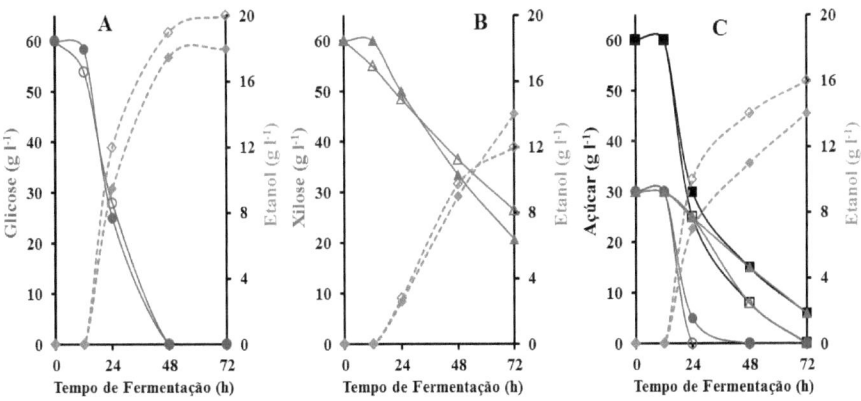

**Figura 4.** A cinética de fermentação de *Scheffersomyces stipitis* NRRL 7124 (símbolos abertos) e sua mutante isogênica *ΔPGI* (símbolos fechados) em meio sintético contendo glutamato como fonte de N e de glucose (painel A), xilose (painel B) ou uma mistura de ambos os açúcares (painel C) como fonte de C. O consumo de glicose (curvas azuis), xilose (curvas vermelhas) ou açúcares totais (curvas pretas) e da produção de etanol (curvas verdes) são mostrados.

**Discussão**

A fermentação industrial bem sucedida de hidrolisados lignocelulósicos sugere que as células de levedura vão ser capazes de metabolizar as misturas de monossacáridos presentes no substrato, em particular de glicose e xilose. Em geral, o consumo de xilose por *S. stipitis* é menor do que o consumo de glicose (Agbogbo et al., 2006).

Além disso, a forte repressão catabólica na assimilação de xilose foi avaliada na presença de glicose. Ambas as características foram observados neste estudo, que foi baseada na premissa de que a combinação do desvio através da via das pentoses fosfato (PP) e a mudança na fonte de azoto poderia estimular a assimilação de xilose e conversão em etanol por células de *S. stipitis* em substratos mistos .

Em células de levedura desprovidas de glicose-6-fosfato isomerase, a maior parte da glicose-6P é assimilada através da via PPP. A deleção do gene *PGI* prejudica o crescimento da *S. cerevisiae* (Boles et al., 1993), mas não de *Kluyveromyces lactis* (Goffrini et al., 1991), com glicose como única fonte de C. Alegou-se que este efeito foi causado pela ineficiência da regeneração do NADP$^+$ pelas células de *S. cerevisiae* (Boles et al., 1993). Os resultados deste estudo mostram que essa mutação em *S. stipitis* tem um efeito semelhante ao de *S. cerevisiae*, embora células mutantes começam a crescer após 18 h de cultivo (Fig. 2). Assim, pode-se assumir  que um efeito semelhante, também está presente em *S. stipitis* com glicose. No entanto, o problema fisiológico da assimilação de xilose poderia estar relacionada com a ineficiência de produção de NADPH no mutante *ΔPGI*, uma vez que não há formação de glicose-6P a partir de gliconeogénese para alimentar o percurso PP. É provável que o problema da instabilidade  metabólica pode ser ultrapassada pela utilização de substratos mistos, uma vez que o NADPH produzido a partir da glicose no mutante *ΔPGI* poderia ser re-oxidado pela assimilação de xilose. No entanto, a repressão catabólica exercida pela glicose parece ser muito forte para permitir ocorrer uma interação metabólica. Por outro lado, ambas as estirpes parentais e mutantes apresentaram um padrão semelhante de assimilação de glicose e fermentação de etanol (Fig. 3A). Sabe-se que a *S. stipitis* possui um sistema de transferência de elétrons alternativo não gerador de ATP, que consiste de um terminal oxidase que é sensível a ácido salicilhidroxâmico (via STO ). Esta é ativa em condições limitadas de oxigênio (Shi et ai 2002), como no caso da análise de fermentação por meio de alto teor de açúcar e de baixa agitação. Assim, é uma hipótese razoável que com glicose este complexo pode ser utilizado para regenerar NADP$^+$ a partir da via de PP pela desidrogenase, o que conduz à produção de etanol pelas células mutantes *ΔPGI1* (Fig. 3A). No entanto, desde que não produz ATP, este complexo não pode sustentar o crescimento celular (Fig. 2D).

O glutamato estimulou a assimilação de glucose e xilose, quando comparado com amônio, em uma maneira independente da atividade *PGI* (Fig. 4). Além disso, o glutamato serviu como uma fonte de azoto e carbono para o crescimento de *S. stipitis* (Fig. 2D). Recentemente, foi encontrado que este aminoácido pode ser utilizado como uma fonte de carbono, mesmo na presença de glicose (Freese et al 2011). Nessa condição, as células de levedura foram encontradas por ter mais atividade NADPH-Gdh3 de amônio (Freese et al 2011). Assim, o $NADP^+$ que é produzido induz a assimilação de glicose através da via da PP para a regeneração de NADPH, combinado com a presumida indução da via STO, levando a um aumento do fluxo glicolítico e produção de etanol (fig. 4A). Um efeito semelhante foi encontrado com a produção de etanol por glutamato (Freese et al 2011). Quando xilose foi à fonte de C, a repressão catabólica da utilização de glutamato poderia ser aliviada. Isto significava que o glutamato pode ser convertido em succinato para produção de NADPH em larga escala, e este poderia ajudar a acelerar a assimilação de xilose que aumentou a produção de etanol (Fig. 4B).

Em conclusão, os resultados demonstraram que uma combinação da deleção *PGI* e a utilização de glutamato como uma fonte de azoto, não conduzem a um aumento da produção de etanol a partir de xilose, como abordado na primeira hipótese. Além disso, confirmaram que o glutamato pode ser usado como ambas fontes de C e N para crescimento de *S. stipitis* e acelerada assimilação de açúcar por razões que ainda são desconhecidas. No entanto, isso levou a um declínio na produção e rendimento de etanol. Curiosamente, os resultados mostraram que o uso da estrutura de carbono de glutamato para o crescimento de células é dependente da via intacta glicólise / gliconeogénese.

41

# Referências

Agbogbo FK, Coward-Kelly G, Torry-Smith M, Wenger KS (2006) Fermentation of glucose/xylose mixtures using *Pichia stipitis*. *Process Biochemistry* 41: 2333-2336.

Ausubel FM, Brent R, Kingston RE, Moore DD, Seidman JG, Smith JA, Struhl K (1989) *Current protocols in molecular biology*, Vol. 1 & 2. Wiley, New York.

Boles E, Lehnert W, Zimmermann FK (1993) The role of the NAD-dependent glutamate dehydrogenase in restoring growth on glucose of a *Saccharomyces cerevisiae* phosphoglucose isomerase mutant. *Etlr J Biochem* 217, 469-477.

Demeke MM, Dietz H, Li Y et al. (2013) Development of a D-xylose fermenting and inhibitor tolerant industrial *Saccharomyces cerevisiae* strain with high performance in lignocellulose hydrolysates using metabolic and evolutionary engineering. *Biotechnol Biofuels* 6: 89.

Freese S, Vogts T, Speer F, Shafer B, Passoth V, Klinner U (2011) C- and N-catabolic utilization of tricarboxylic acid cycle-related amino acids by *Scheffersomyces stipitis* and other yeasts. *Yeast* 28: 375-390.

Goffrini P, Wésolowski-Louvel M, Ferrero I (1991) A phosphoglucose isomerase gene is involved in the Rag phenotype of the yeast *Kluyveromyces lactis*. *Mol Gen Genet* 228: 401-409.

Gueldener U, Heinisch J, Koehler GJ, Voss D, Hegemann JH (2002) A second set of loxP marker cassettes for Cre-mediated multiple gene knockouts in budding yeast. *Nucleic Acids Res* 30: e23.

Gueldener U, Heck S, Fielder T et al. (1996) A new efficient gene disruption cassette for repeated use in budding yeast, Nucleic Acids Research. 24:2519-2524.

Hahn-Hägerdal B, Galbe M, Gorwa-Grauslund M-F, Liden G, Zacchi G (2006) Bio ethanol - the fuel of tomorrow from the residues of today. *Trends Biotechnol* 24:549-556.

Kern A, Tilley E, Hunter IS, Legisa M, Glieder A (2007) Engineering primary metabolic pathways of industrial micro-organisms. *J Biotechnol* 129: 6-29.

Jeffries TW (2008) Engineering the *Pichia stipitis* genome for fermentation of hemicellulose hydrolysates. *Bioenergy*, ASM Press, Washington, DC, pp 37-47.

Jeffries TW, Grigoriev IV, Grimwood J et al. (2007) Genome sequence of the lignocellulose-bioconverting and xylose fermenting yeast *Pichia stipitis*. *Nat Biotechnol* 25: 319-326.

Madhavan A, Srivastava A, Kondo A, Bisaria VS (2012) Bioconversion of lignocellulose-derived sugars to ethanol by engineered Saccharomyces cerevisiae. *Crit Rev Biotechnol* 32: 22-48.

Magasanik B (2003) Ammonia Assimilation by Saccharomyces cerevisiae. *Eukaryot Cell* 2: 827-829.

Shi N-Q, Cruz J, Sherman F, Jeffries TW (2002) SHAM-sensitive alternative respiration in the xylose-metabolizing yeast *Pichia stipitis*. *Yeast* 19:1203-1220.

Silva Filho EA, Dos Santos SKB, Resende AM, De Morais JOF, De Morais Jr MA, Simões DA (2005) Yeast population dynamics of industrial fuel ethanol fermentation process assessed by PCR fingerprinting. *Antonie van Leeuwenhoek* 88:13-23.

van Maris AJ, Abbott DA, Bellissimi E, van den Brink J, Kuyper M, Luttik MA, Wisselink HW, Scheffers WA, Pronk JT (2006) Alcoholic fermentation of carbon sources in biomass hydrolysates by *Saccharomyces cerevisiae*: current status. *Antonie van Leeuwenhoek* 90:391-418.

**Tabela 1.** Taxa de crescimento específico ($\mu$, $h^{-1}$) da linhagem *Scheffersomyces stipitis* NRRL 7124 and seu mutante isogenico $\Delta pgi$ em meio YNB contendo glicose ou xilose como fonte de C (20 g $l^{-1}$) e sulfato de amônio (5 g $l^{-1}$) ou glutamato como fonte de N (10 g $l^{-1}$) cultivado em frasco sob agitação ou bioreator.

| Linhagens | Fonte de C | Frascos sob agitação | | | | | | Bioreator | |
|---|---|---|---|---|---|---|---|---|---|
| | Glicose | Xilose | Gli+Xil | Glicose | Xilose | Gli+Xil | Glicose | Xilose |
| | Fonte de N | Amônio | Amônio | Amônio | Glutamato | Glutamato | Glutamato | Amônio | Amônio |
| NRRL 7124 | | 0.36(±0.014) | 0.34(±0.007) | 0.37(±0.007) | 0.33(±0.007) | 0.28(±0.030) | 0.31(±0.001) | 0.39 | 0.40 |
| $\Delta pgi$ | | 0.00 | 0.00 | 0.00 | 0.22(±0.021) | 0.15(±0.014) | 0.21(±0.003) | 0.23 | 0.21 |

**Tabela 2.** Rendimento em etanol (g g$^{-1}$) de *Scheffersomyces stipitis* NRRL 7124 e seu mutante isogênico $\Delta pgi$ em meio sintético contendo glicose ou xilose como fonte de C (60 g l$^{-1}$) e sulfato de amônio (5 g l$^{-1}$) ou glutamate como fonte de N (10 g l$^{-1}$).

| Linhagem | Amônio | | | Glutamato | | |
|---|---|---|---|---|---|---|
| | Glicose | Xilose | Mix | Glicose | Xilose | Mix |
| NRRL 7124 | 0.42(±0.02) | 0.44±(0.02) | 0.40(±0.02) | 0.35(±0.02) | 0.41(±0.02) | 0.28(±0.02) |
| $\Delta pgi$ | 0.31±(0.01) | 0.29(±0.01) | 0.26(±0.02) | 0.31(±0.02) | 0.36(±0.02) | 0.26(±0.02) |

* O rendimento foi calculado como a proporção entre o maior valor da concentração de etanol por açúcar consumido.

Printed by Books on Demand GmbH, Norderstedt / Germany